101가지
쿨하고 흥미진진한
동물 이야기

독서 습관을 기르는 **쿨 스토리**

101가지
쿨하고 흥미진진한
동물 이야기

글 송태준 • 그림 신지혜

유아이북스
Ultimate Information

너는 부모님의 부모님이 누군지 아니? 그렇다면 부모님의 부모님의 부모님은? 이렇게 계속해서 거꾸로 올라가면 누가 있을까? 주름이 엄청 많은 할아버지, 할머니가 계시려나? 신기하게도 과거로 갈수록 조상의 외모가 조금씩 달라진단다. 지금으로부터 몇백만 년만 거슬러 올라가도 우리의 조상은 사람이라고 보기 어려울 만큼 다른 모습을 하고 있어. 마치 원숭이를 닮았지. 놀라기엔 아직 일러. 수억 년을 올라가면 무려 물고기를 닮은 조상이 등장한단다. 여기서 더 가면 어떤 일이 일어날까? 신기하게도 조상의 덩치가 서서히 작아진단다. 계속해서 작아지다가 마침내 하나의 세포가 되어 버리지. 더 올라갈 수도 있지만 생물이라고 부를 수 있는 건 여기까지야.

　과연 시간에 따라 조상의 모습이 달라지는 이유가 뭘까? 그건 바로 우리가 '진화'를 하기 때문이야. 진화란 생물이 오랜 시간을 거쳐 점점 변화하는 현상을 말해. 위에서 말했듯이 모든 생물은 하나의 세포로부터 시작됐어. 46억 년 전 지구가 생기고, 수억 년 후 바다에서 세포가 만들어졌지. 하나의 세포는 점점 여러 개로 늘어나기 시작해. 이후 수십억 년 동안 진화를 거듭하여 마침내 인간이 탄생하지. 마치 영화 속 이야기 같지만, 이 모든 건 분명한 사실이야. 지구 곳곳에 있는 수많은 과학적 증거들을 통해 밝혀졌지. 한마디로 모든 동물은 우리의 아주 먼 친척인 셈이야. 실제로 모든 동물은 유전적으로 어느 정도 비슷한 점이 있단다. 자, 그럼 지금부터 우리의 친척들이 어떻게 진화하여 살고 있는지 한번 살펴볼까?

　　마트에 가서 과자를 사려면 어디로 가야 할까? 그래, 맞아. 과자를 파는 공간으로 가야겠지. 마트는 물건마다 진열 공간이 정해져 있어서 원하는 물건을 찾기가 쉬워. 동물도 마찬가지로 일정한 기준에 따라서 찾기 쉽게 정리되어 있단다. 동물은 크게 등뼈(척추)가 있는 동물과 없는 동물로 나뉘어. 등뼈가 있으면 척추동물, 없으면 무척추동물이라고 부르지. 우선 등뼈를 기준으로 나누고 점점 작은 기준으로 세세하게 나눈단다. 동물을 나누는 기준은 정말 많기 때문에, 그중에 가장 대표적인 것들만 소개해 줄게.

척추동물

분류	어떤 특징이 있나요?	어떤 동물이 있나요?
포유류	새끼를 낳아요. 체온이 일정해요. 폐로 숨을 쉬어요. 젖을 먹여 새끼를 키워요. 대부분 몸이 털로 덮여 있어요.	인간, 코끼리, 돌고래 등
조류	알을 낳아요. 체온이 일정해요. 폐로 숨을 쉬어요. 날개가 있어요. 몸이 깃털로 덮여 있어요.	비둘기, 타조, 펭귄 등
어류	알을 낳아요. 환경에 따라 체온이 변해요. 아가미로 숨을 쉬어요. 몸이 비늘로 덮여 있고 지느러미가 있어요.	붕어, 상어, 전기뱀장어 등
양서류	알을 낳아요. 환경에 따라 체온이 변해요. 어릴 땐 아가미로, 어른이 되면 폐와 피부로 숨을 쉬어요. 물속과 땅 위에서 모두 살 수 있어요.	개구리, 두꺼비, 도롱뇽 등
파충류	알을 낳아요. 환경에 따라 체온이 변해요. 폐로 숨을 쉬어요. 몸이 비늘로 덮여 있어요.	거북, 카멜레온, 도마뱀 등

무척추동물

분류		어떤 특징이 있나요?	어떤 동물이 있나요?
절지동물	곤충류	몸이 머리, 가슴, 배의 세 부분으로 이루어져 있어요. 다리가 3쌍이에요. 대부분 단단한 껍질(외골격)과 날개를 가지고 있어요.	개미, 벌, 사마귀 등
	갑각류	몸이 머리, 가슴, 배의 세 부분 또는 머리가슴(머리+가슴), 배의 두 부분으로 이루어져 있어요.	가재, 새우 등
	거미류	몸이 머리가슴(머리+가슴), 배의 두 부분으로 이루어져 있어요.	거미, 전갈 등
	다지류	머리와 여러 마디의 몸통으로 이루어져 있어요.	지네, 노래기 등
극피동물		껍질에 가시가 나 있어요. 우산처럼 어느 방향에서 봐도 모양이 똑같아요.	불가사리, 성게, 해삼 등
연체동물		몸에 마디가 없어요. 몸이 말랑말랑하고 유연해요. 단단한 껍데기를 가진 동물도 있어요.	조개, 문어, 달팽이 등
완보동물		환경 적응력이 매우 뛰어나요.	물곰 등
자포동물		촉수로 독을 쏠 수 있어요. 입과 항문의 구별이 없어요.	말미잘, 해파리 등
편형동물		몸의 왼쪽과 오른쪽이 똑같이 생겼어요. 몸통이 납작해요. 암컷과 수컷이 한 몸에 있어요.	플라나리아 등
환형동물		몸에 여러 개의 마디가 있어요. 몸이 긴 원통 모양이에요.	지렁이, 거머리 등

1 우리와 비슷해요

2 하늘을 날 수 있어요 조류

③ 물을 정말 좋아해요 어류

④ 물에서도 살고 땅에서도 살아요 양서류

7 종류가 무척 많아요
곤충 이외의 무척추동물

1

우리와
비슷해요

포유류

개미들이 가장
무서워하는 동물

개미핥기는 어떤 먹이를 좋아할까? 그래, 맞아. 개미핥기는 개미를 아주 좋아해. 개미를 핥아 먹어서 개미핥기라고 부르지. 그렇다면 개미핥기는 하루에 개미를 몇 마리나 먹을까? 한두 마리? 아니면 열 마리? 놀라지 마. 정답은 3만 마리야! 생각보다 몸집이 커서 많이 먹어야 한단다. 큰 개미핥기는 몸집이 거의 인간 어른만 해.

시력이 나쁜 개미핥기는 땅바닥에 코를 대고 개미의 냄새를 쫓아가지. 킁킁거리다 개미집을 찾으면 커다란 앞발로 개미집을 파 버린단다. 그리고 안으로 주둥이를 들이밀고 식사를 시작하지. 개미핥기는 60센티미터나 되는 길고 끈적한 혀를 요리조리 휘저으며 잡아먹어. 마치 진공청소기가 먼지를 빨아들이는 것처럼 혀에 붙은 개미는 그대로 삼켜 버려. 개미핥기는 이빨이 없어서 씹을 수 없는데, 사실 씹을 필요조차 없단다. 왜냐하면 효과가 좋은 소화제를 사용하거든. 개미핥기의 위장에 들어간 개미들은 잔뜩 흥분해서 마구마구 독을 내뿜어. 그런데 이 독이 오히려 개미들을 소화시킨대.

그런데 개미핥기는 이렇게 좋은 먹이를 다 먹지 않고 남겨. 많이 먹다 보니 질려서 그런 걸까? 사실, 그 이유는 나중에 또 먹기 위해서야. 여왕개미와 다른 개미들을 조금 남겨 놓아야 다시 번식해서 다음에 또 먹을 수 있거든. 만약 너라면 어떻게 할래? 마법의 케이크가 있는데, 한 조각을 남겨 놓으면 내일 또 먹을 수 있대. 그렇다면 조금 남겨 놓을래, 아니면 다 먹을래?

99퍼센트가 모르는 동물 지식

개미핥기는 네 발로 걷기 때문에 다른 것을 업기가 힘들어. 그런데도 새끼가 혼자 살 수 있을 때까지 업어서 키운단다. 헤어지기 전까지 조금이라도 사랑을 더 주고 싶나 봐.

002 동물원에 사는 곰도 겨울잠을 잘까?

곰은 덩치가 크고 힘도 엄청나게 세. 웬만한 동물들은 곰 근처에 얼씬도 하지 않지. 하지만 곰이 가장 무서워하는 게 있어. 바로 겨울이야. 곰은 우리와 같이 항상 몸의 온도(체온)가 일정하게 유지되는 동물이야. 이를 항온동물이라고 하지. 항온동물은 체온을 유지하기 위해서 많은 에너지를 필요로 한단다. 더군다나 체온을 잘 빼앗기는 추운 겨울에는 더 많은 먹이를 먹어야 하지. 하지만 겨울에는 먹잇감을 구하기가 쉽지 않아. 너무 추워서 많은 생물이 죽거나 숨어 버리거든. 식물은 시들고, 곤충이나 작은 동물은 추위를 피해 겨울잠을 자. 상황이 이렇다 보니 곰도 어쩔 수 없이 겨울잠을 잔단다. 다행히도 곰은 겨울을 대비해 미리 많은 먹이를 먹어 두기 때문에 괜찮아. 충분히 살을 찌워 둔 덕분에 안심하고 겨울잠을 잘 수 있지. 그동안 쌓았던 에너지를 사용하면서 봄이 올 때까지 버티는 거야.

겨울잠을 자는 곰은 아주 깊이 잠든 것처럼 보이지만, 절대 건들면 안 돼. 건들면 바로 깰 수도 있단다. 사실 곰은 자는 게 아니라 꾸벅꾸벅 졸고 있거든. 그래서 겨울잠을 자면서도 새끼를 낳고 기를 수 있어. 또 움직이지 않는데도 근육이 줄어들지가 않아. 보통 근육은 사용하지 않으면 줄어들기 마련이야. 몸이 에너지를 아끼기 위해 안 쓰는 부위의 근육량을 줄이기 때문이지. 그런데 곰은 특별한 근육 세포를 가지고 있어서, 가만히 있어도 근육이 유지된다고 해. 운동을 좋아하는 사람들은 곰이 정말 부러울 것 같아. 여기서 질문, 곰은 자다가 오줌이 마려우면 어떻게 할까? 우리는 밤에 오줌이 마려우면 잠이 곧잘 깨는데 말이야. 신기하게도 곰은 오줌이나 똥이 잘 안 생긴다고 해. 노폐물이 생기면 몸속에서 재활용하므로 화장실을 자주 갈 필요가 없단다. 자면서 대소변도 마렵지 않고, 근육도 생기는 곰이 정말 부럽지 않니?

99퍼센트가 모르는 동물 지식

동물원에 사는 곰도 겨울잠을 잘까? 동물원에 사는 곰은 항상 밥을 먹을 수 있어. 그래서 굳이 에너지를 아끼려 겨울잠을 잘 필요가 없단다.

너처럼
키가 크려면
어떻게 해야 해?

흠… 난 매일
목 스트레칭을
하는데 그게
비결일까?

'목이 긴 동물'하면 누가 생각나니? 나는 기린이 생각나. 기린은 키가 5미터
인데, 그중에 목길이만 3미터나 된단다. 기린의 긴 목에는 어떤 장점이 있을까?
기린은 긴 목 덕분에 높은 곳에 있는 먹이를 먹을 수 있어. 그리고 다른 동물들
보다 더욱 멀리 볼 수 있지. 천적들이 다가오는 걸 빨리 알아채고 도망갈 수 있
단다. 그래서 다른 초식 동물들은 기린 주변에 모여 있다가, 기린이 도망가면
함께 도망가곤 해.

그런데 슬프게도, 기린은 목 때문에 심장병에 걸리기도 해. 우리 몸에서 심장은 어떤 역할을 할까? 심장은 혈관을 통해 온몸에 피를 보내는 일을 해. 피에는 우리가 살아가는 데 꼭 필요한 산소와 다양한 영양소가 들어 있단다. 심장은 마치 생수병을 쭉 짜면 물이 나오는 것처럼 열심히 오므렸다 폈다를 반복하며 피가 계속 흐르게 해 주지.

기린의 문제는 목이 너무 길어서 머리까지 피를 보내기가 힘들다는 거야. 생수병의 물을 기린의 머리 높이까지 쏘려면 엄청 세게 짜내야겠지? 마찬가지로 기린의 심장도 큰 힘을 쓰기 때문에, 혈관이 감당하는 힘인 '혈압'이 엄청나. 기린의 혈압은 자그마치 사람의 두 배나 된대! 이렇게 혈압이 높으면 자칫하다 혈관이 터질 수도 있어. 다행히도 기린은 특수한 혈관 구조를 가진 덕분에 괜찮아. 하지만 심장이 빨리 지쳐서 늙으면 심장병으로 고생할 수도 있대. 혹시 나중에 기린을 보게 되면 절대 먹을 것으로 약 올리지 말렴. 혈압이 오르면 위험하니깐 말이야.

99퍼센트가 모르는 동물 지식

 기린의 목뼈는 일곱 개야. 참새(열네 개)보다도 적지. 하지만 뼈가 유연하게 연결되어 있어서 자유자재로 움직일 수 있단다.

낙타의 혹에는 무엇이 있을까?

아저씨도 저처럼 혹(지방 덩어리)이 있군요.

우리 재미있는 상상을 한번 해 보자. 너는 지금 사막 한가운데에 있어. 만약 사막을 벗어나면 네가 원하는 보물을 가질 수 있대. 이때 원하는 동물을 한 마리만 데려간다면 누구를 데려갈래? 치타를 타고 빠르게 달릴래, 아니면 독수리를 타고 거침없이 날아갈래? 그런데 아마 앞서 이야기한 동물들은 금방 더위에 지쳐 버리고 말 거야.

사막에서 가장 유리한 동물은 낙타란다. 낙타는 힘이 좋아서 사람과 짐을 싣고도 오래 걸을 수 있는데다, 물 없이도 몇 주나 버티지. 아니, 잠깐만! 물을 마시지 않은 채로 몇 시간이 아니라 몇 주나 버틴다고? 과연 그 비결이 뭘까? 혹시 낙타의 등에 볼록 솟은 혹 안에 물이 들어 있는 걸까? 비슷해. 하지만 혹 안에 든 건 물이 아니라 지방이란다. 이 지방을 에너지로 사용하고 나면 물이 나와. 그래서 오랫동안 굶은 낙타는 혹이 축 늘어져 있어. 지방을 다 썼기 때문이지.

낙타는 지방에서 얻은 수분을 최대한 아껴. 어느 정도냐면, 숨을 쉴 때도 수분을 지키지. 우리가 숨을 뱉을 때면 공기가 수분을 머금고 밖으로 나가곤 해. 그런데 낙타는 숨을 뱉으면서도, 공기에 들어 있는 수분을 코로 다시 흡수한단다. 대소변을 배출할 때도 수분을 거의 흡수하지. 그래서 낙타의 똥은 매우 건조해. 얼마나 건조한지 유목민◆들은 낙타의 똥으로 불을 지펴서 사막의 추운 밤을 버틴다고 해. 이 밖에도 낙타는 사막 생활에 최적화된 몸을 가지고 있어. 모래에 빠지지 않는 넓은 발바닥과 모래 먼지를 막아 주는 길고 촘촘한 속눈썹이 있지. 하지만 아무리 낙타라도 스트레스는 막을 수 없나 봐. 유목민들은 낙타가 화가 난 것 같으면 입던 옷을 던져 준다고 해. 낙타는 그 옷을 밟으면서 화를 푼다고 하니, 정말 웃기지 않니?

99퍼센트가 모르는 동물 지식

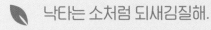 낙타는 소처럼 되새김질해.

◆ 유목민: 이곳저곳을 떠돌아다니며 사는 사람들을 말해.

늑대에 대한 크나큰 오해

> 앞으로는 외로운 늑대 말고 행복한 늑대라고 불러 줘!

늑대가 사람들에게 꼭 하고 싶은 말이 있나 봐. 늑대는 자신이 이기적인 이미지로 알려진 게 너무 억울하대. 많은 사람들이 '늑대는 혼자 돌아다니고 가족들을 챙기지 않는다'고 알고 있거든. 사실은 완전히 반대인데도 말이지.

늑대는 여러 마리가 무리를 이루어 함께 생활해. 가장 강한 수컷과 암컷이 무리를 이끌지. 이 둘은 어떤 일이 있어도 헤어지지 않는단다. 무리의 구성원들과 함께 새끼도 키우고, 사냥도 하지. 서로를 향한 애정이 워낙 따뜻해서인지 추운 겨울에도 쉬지 않고 활동한단다. 어때, 늑대에 대한 오해가 풀렸니?

006 고래는 원래
땅 위에서 살았다?

안녕, 내 심장보다
작은 사람.

지구가 생기고 나서, 지금까지 살았던 동물 중에 가장 무거운 동물이 누구일까? 힌트를 주자면 공룡은 아니야. 그리고 바다에 사는 동물이지. 이제 좀 감이 오니? 정답은 바로 대왕고래야. 흰수염고래라고도 부르지. 대왕고래의 몸길이는 버스 세 대를 이은 것과 비슷한 정도인 30미터야. 몸무게는 코끼리 40마리를 합친 것과 같은 200톤이란다. 만약 엄청나게 큰 시소가 있고, 한쪽에 대왕고래가 올라간다면, 다른 쪽에는 중학생 4000명 정도가 올라가야 평행을 이룰 수 있지. 대왕고래는 몸속 장기의 크기도 남달라. 심장의 크기는 자동차만 하고, 심장과 연결된 혈관은 사람이 헤엄칠 수 있을 만큼 널찍하대.

놀라운 사실은, 고래는 어류가 아니라는 거야. 인간들처럼 새끼를 낳고 젖을 먹여 기르는 포유류지. 더욱더 놀라운 사실을 알려 줄까? 사실 고래는 원래 육지에 살던 동물이었어. 땅에서 네 발로 기어 다녔지. 그런데 오랫동안 바다에 적응하면서, 앞다리 두 개는 지느러미로 진화하고, 뒷다리는 쓸모가 없어서 살 속으로 묻혀 버렸단다. 그래서 고래의 가슴지느러미 뼈를 보면 육상 동물의 손 모양과 비슷하게 생겼어.

커다란 덩치를 자랑하는 대왕고래는 어떤 먹이를 먹을까? 자신의 덩치만큼 큰 동물들을 사냥할까? 답은 의외야. 고래에게는 보이지도 않을 만큼 작은 새우 떼나 플랑크톤을 먹는단다. 물론 한 마리씩 세면서 먹지는 않아. 새우 떼를 찾으면 입을 크게 벌려 한입에 삼켜 버리지. 삼키고 나서는 필요 없는 물을 뱉어내. 새우들은 고래의 수많은 수염에 걸려서 나가지 못하고 물만 빠져 나간대. 게다가 고래는 목소리도 무지막지하게 커. 물론 우리처럼 말을 하는 건 아니고, 초음파를 통해 대화한단다. 고래의 초음파는 무려 수천 킬로미터까지 도달할 수 있어. 초음파로 멀리 있는 친구와 대화하거나, 땅의 모양을 파악하고 먹잇감을 찾는다고 해.

99퍼센트가 모르는 동물 지식

강한 동물이라도 새끼 때는 다른 동물에게 잡아먹히곤 하지만 대왕고래는 달라. 갓 태어난 새끼 고래라고 해도 몸길이가 무려 8미터, 몸무게는 4톤이나 나가거든. 이는 큰 버스 한 대에 맞먹는 덩치란다.

007 돌고래의 신기한 사실 세 가지

귀여운 고래 친구, 돌고래에 대한 신기한 사실을 알려 줄게. 첫째, 돌고래는 우리처럼 폐로 숨을 쉰대. 그래서 숨이 찰 때마다 물 위로 올라와서 공기를 마셔. 대신 한꺼번에 많은 양의 산소를 흡수해서, 약 10분간 숨을 참을 수 있대. 참고로 돌고래의 코는 머리 위쪽에 있단다.

둘째, 돌고래는 자면서도 헤엄칠 수 있어. 돌고래는 숨을 쉬기 위해 계속 헤엄을 쳐야 해. 그렇다면 잠은 아예 못 자는 걸까? 걱정 말렴, 돌고래는 헤엄을 치면서도 충분히 잠을 잔단다. 뇌가 반씩 돌아가면서 일을 하거든. 뇌가 한쪽씩 쉴 때마다 눈도 한쪽씩 감아. 나중에 돌고래를 본다면 눈을 한번 확인해 보렴.

셋째, 돌고래는 초음파로 말을 해. 돌고래는 툭 튀어나온 이마에서 초음파를 내보내. 그리고 반사되어 돌아오는 초음파를 통해 다양한 정보를 파악하지. 초음파를 이용해 먹잇감을 찾거나, 땅의 모양을 파악한단다. 다른 돌고래와 대화도 할 수 있어. 그런데, 웃기게도 너무 멀리 사는 돌고래들은 서로의 초음파를 잘 못 알아듣는대. 마치 다른 지역의 사람들이 서로의 사투리를 못 알아듣는 것처럼 말이지.

99퍼센트가 모르는 동물 지식

 돌고래는 주둥이가 돼지를 닮아서 '물돼지'라고도 불러.

008 북극곰의 피부는 사실 검은색이다?

북극곰은 어디에 살까? 그래, 맞아. 북극에 살지. 북극곰은 두꺼운 피부와 지방층 덕분에 추운 북극에서도 살 수 있단다. 이제 좀 더 어려운 문제를 내볼게. 북극곰의 피부는 무슨 색일까? 혹시 흰색이라고 생각했다면 집중해주길 바라.

북극곰의 피부는 사실 '검은색'이거든. 누가 봐도 흰색인데, 이게 무슨 소린가 싶을 거야. 북극곰의 피부는 원래 검지만 털 때문에 하얗게 보이는 거란다. 하지만 털은 흰색이 아니고 투명하지. 그렇다면 투명한 털이 어떻게 흰색으로 보이는 걸까? 지금부터 그 원리를 차차 설명해 줄게.

　우선은 빛의 원리를 알아야 해. 빛은 직진하는 성질이 있어. 우리가 물체를 볼 수 있는 이유는 바로 빛이 물체에 부딪히고 튕겨 나와서 우리 눈에 들어오기 때문이야. 이때 물체에 부딪힌 각도와 비슷하게 튕겨 나오는 것을 '반사'라고 하고, 사방으로 흩어지는 것을 '산란'이라고 해. 여기까지 이해가 됐으면 이제 물체의 색을 보는 원리를 알려 줄게. 빛에는 우리가 아는 색이 모두 들어 있어. 그런데 물체의 색이 한 가지로만 보이는 이유는 물체가 색을 흡수하기 때문이란다. 빛이 물체에 부딪히면서 색의 일부가 흡수되고, 흡수되지 않은 나머지 색이 튕겨 나와서 눈에 들어오는 덕분에 특정한 색을 볼 수 있는 거지. 마찬가지로, 바다가 파란 이유는 파란빛을 제외한 나머지 색이 모두 흡수되기 때문이란다. 참고로 모든 색을 골고루 튕겨 내면 흰색, 모든 색을 골고루 흡수하면 검은색으로 보여.

그렇다면 북극곰의 털은 모든 색을 튕겨 내는 거냐고? 맞아, 비슷해. 일부만 흡수하고 나머지는 반사한단다. 북극곰의 털은 빨대처럼 투명하고 속이 텅텅 비어서 빛이 잘 통과해. 털을 통과한 빛은 피부에 흡수되어 북극곰을 따뜻하게 해 준단다. 그리고 흡수되지 않은 빛은 털을 통과하면서 골고루 흩어져 버리지. 앞서 말했듯이 모든 색을 골고루 튕겨내기 때문에 흰색으로 보이는 거란다. 북극곰은 이렇게 특이한 털 덕분에 먹잇감에게 들키지 않고 다가갈 수 있어. 하얀 눈 속에 숨은 북극곰을 찾기란 쉽지 않지. 생각해 봐, 산만한 덩치의 짐승이 감쪽같이 숨어서 나를 잡아먹으려고 한다면 정말 무서울 거 같지 않니?

009 사자와 호랑이가 싸우면 누가 이길까?

사자는 강한 동물을 얘기할 때면 빠지지 않고 언급되는 동물이야. 특히 호랑이와 경쟁 상대로 항상 손꼽히지. 만약 사자와 호랑이가 싸운다면, 누가 이길 것 같니? 사실 이 두 친구는 애초에 만날 일이 없다고 해. 사자는 풀이 많은 초원에서 살고, 호랑이는 나무가 많은 숲속에 살거든. 그래도 만약 만난다고 가정하면, 사자가 이길 확률이 조금 높을 것 같아. 왜냐하면 호랑이는 혼자 살고 사자

는 무리를 이루어 살거든. 호랑이와 사자가 마주친다면 대부분 일 대 다수의 싸움이 될 거야. 아무리 호랑이가 힘이 세도 여러 마리의 사자를 상대하기는 힘들단다. 하지만 일대일로 싸운다면 호랑이가 이길 수도 있어. 호랑이는 사자보다 덩치도 크고 힘도 더 세거든.

사자는 이처럼 무리를 지어 생활하는 덕분에 무서울 것이 없어. 무리를 이끄는 수컷 사자는 매우 강하단다. 잠깐, 혹시 사자 중 누가 수컷이고 누가 암컷인지 알고 있니? 암수를 구분하려면 목덜미를 보면 돼. 수컷은 목덜미에 털이 수북하게 나 있거든. 이를 '갈기'라고 해. 갈기는 수컷의 덩치를 더욱 커 보이게 해주지. 목을 가려서 보호해 주기도 한단다. 하지만 단점도 있어. 바로 열을 잘 식히지 못한다는 거야. 그래서 수컷은 시원한 그늘 밑에서 많은 시간을 보내지. 이러한 모습을 보고 많은 사람은 사자가 게으르다고 생각해. 하지만 사자도 할 일을 다 하고 쉬는 것이니, 너무 뭐라고 하지는 말아 주렴.

010 농사를 제일 잘하는 동물

소는 수천 년 전부터 인간의 농사를 도와준 아주 고마운 동물이야. 소가 농사를 지었다는 게 믿기지 않는 친구도 있을 거야. 지금은 소로 농사짓는 풍경을 찾아보기 힘들거든. 대부분 기계로 농사를 짓기 때문이야. 하지만 불과 수십 년 전까지만 해도 농사를 지을 때 소는 필수적인 존재였단다. 그렇다면 사람들은 왜 굳이 소로 농사를 지었을까? 소보다 힘세고 빠른 동물들도 많은데 말이야. 여기엔 다양한 이유가 있어. 우선 소는 온순해서 말을 잘 들어. 그리고 빠르지는 않지만 체력이 좋아서 오래 일할 수 있지. 무엇보다 가장 좋은 점은 바로 사룻값이 적게 든다는 거야. 실제로 사람들은 말로 농사를 짓기도 했어. 그런데 말은 소보다 많이 먹는데도 쉽게 지쳐서 농사가 제대로 되지 못했단다. 그에 비해 소는 잡

초만 먹고도 오랫동안 힘을 냈지. 어떻게 소는 풀만 먹고도 지치지 않는 걸까?

그 비결은 바로, 소가 '되새김질'을 하기 때문이야. 되새김질은 삼킨 먹이를 토한 다음 다시 여러 번 씹어서 삼키는 걸 말해. 소는 위에서 소화한 먹이를 입으로 올려 보내어 다시 씹는단다. 그렇게 잘게 다져진 먹이는 네 개의 위를 거친 뒤에야 장으로 가지. 이처럼 음식물을 잘게 나누면 영양소를 잘 흡수할 수 있어. 꼭꼭 씹어먹으면 소화가 잘되는 것처럼 말이야. 덕분에 소는 풀만 먹어도 충분한 영양소를 섭취할 수 있단다.

만약 야생에서 먹이를 천천히 꼭꼭 씹어 먹으면 어떻게 될까? 포식자가 왔을 때 다 먹지 못하고 도망가야 할 거야. 아까운 먹이를 버려야만 하지. 그래서 소는 대충 뜯어먹은 뒤에 안전한 곳에 가서 되새김질한단다. 마치 수업 시간에 몰래 간식을 먹는 우리 모습 같지 않니? 선생님께 들킬세라 한꺼번에 입에 넣고 몰래 씹어먹는 모습이 영락없이 소 같다고나 할까.

99퍼센트가 모르는 동물 지식

🍃 소는 윗니가 없어. 대신 혀로 풀을 잡고서 아랫니로 베어 먹는단다.

🍃 영어로 암소를 'Cow', 수소를 'Bull'이라고 해.

♦ 포식자 : 다른 동물을 잡아먹는 동물을 말해.

011 얼룩말의 진짜 피부는 얼룩무늬가 아니라고?

얼룩말은 호랑이도 부러워할 만큼 개성 있는 줄무늬를 가졌어. 실제로 모든 얼룩말이 저마다 다른 줄무늬를 가지고 있지. 마치 사람의 지문처럼 모두 다르단다. 그런데 그거 아니? 얼룩말의 피부가 사실 검은색이라는 걸 말이야. 피부는 검지만 얼룩무늬의 털이 자라는 거란다. 털을 깎으면 얼룩무늬는 사라지고, 검은 피부만 남게 되지. 그렇다면 얼룩말은 왜 얼룩무늬 옷을 입고 다니는 걸까? 많은 동물의 몸 색깔은 주변 환경과 비슷해. 포식자에게 들키지 않기 위해서지. 이것을 '보호색'이라고 하는데, 얼룩무늬는 눈에 매우 잘 띄어. 얼핏 보면

어지러워~

잘 숨겨질 것 같지만, 의외로 위장 효과는 없다고 해.

　얼룩무늬가 비록 포식자에게서 몸을 숨겨 줄 수는 없지만, 대신 다른 동물을 쫓아 준단다. 바로 흡혈 파리라는 작은 곤충이지. 흡혈 파리는 포식자 못지않게 성가신 동물이야. 동물의 피를 빨아먹고 더불어 전염병까지 퍼뜨리거든. 그런데 얼룩말은 다른 말보다 흡혈 파리에 덜 물린단다. 바로 얼룩무늬가 착시 효과를 일으키기 때문이야. 착시 효과로 인해 거리를 파악하지 못해서 피부에 제대로 앉기가 힘들다고 해.

99퍼센트가 모르는 동물 지식

🍃 얼룩말은 서서 잠을 자. 누워서 자는 것보다 불편하지만, 포식자가 나타나면 바로 도망가야 하거든.

1분 이상 달리면 죽는 동물

난 지상 최고의
단거리 육상 선수야!

하지만 마라톤은 못 해!

세상에서 가장 빨리 달리는 동물은 누구일까? 맞아, 바로 치타란다. 치타가 빠르다는 건 흔히 아는 사실이지. 그래서 이번엔 조금 생소한 이야기를 들려 줄게. 사실 치타는 남모를 고민을 가지고 있어. 사람들은 치타가 빨라서 멋있다고만 생각하는데 꼭 그렇지만은 않단다. 치타는 빠른 속도를 얻기 위해 많은 대가를 치르고 살지.

우선, 치타는 먹이를 잘 빼앗긴단다. 치타는 가볍고 날씬해서 달릴 때 공기의 저항을 덜 받아. 달릴 때 부딪히는 공기가 적기 때문에 더 빨리 달릴 수 있지. 하지만 체격이 왜소해서 싸울 때는 큰 힘을 내지 못해. 그래서 애써 사냥한 먹이를 다른 포식자에게 뺏기곤 하지. 그리고 턱이 작아 무는 힘이 약해서, 먹잇감을 제압하려면 아주 오랫동안 물고 있어야만 해. 불편한 점은 이것뿐만이 아니야.

치타는 달릴 때마다 목숨이 위험하다는 사실을 아니? 그 이유는 폐와 심장이 크기 때문이야. 장기가 크면 짧은 시간에 많은 힘을 낼 수 있어. 그래서 치타는 3초 만에 시속 100킬로미터가 넘는 속도를 낼 수 있지. 최대 속도는 무려 시속 120킬로미터나 된단다. 하지만 이렇게 큰 장기는 그만큼 높은 열을 발생시켜서 위험해. 만약 1분 이상 달리면 열이 너무 나서 죽을 수도 있단다. 치타도 이 사실을 아는지, 달리기 전에 최대한 먹잇감에 가까이 다가가곤 해. 달리는 거리를 줄일수록 빨리 사냥할 수 있거든. 치타가 먹이를 빼앗기거나 금방 지치는 모습에 실망한 건 아니지? 오히려 먹이를 빼앗기고 목숨이 위험해도 꾸준히 도전하는 모습이 멋있지 않니?

99퍼센트가 모르는 동물 지식

치타의 눈 밑에는 왜 검은색 선이 그어져 있는 걸까? 먹이를 빼앗길 때마다 울어서 생긴 걸까? 정답은 눈이 부시는 걸 막기 위해서야. 검은색은 빛을 흡수하거든. 검은 눈물 자국은 눈 주변의 빛을 흡수해서 치타가 먹잇감을 더 잘 볼 수 있게 도와준단다.

013 인간과 유전자가 98퍼센트 비슷한 동물

600만 년 만에 만난 기념으로 한 컷!

간단한 문제를 내 볼게. 혹시 가족사진이 있다면 한번 꺼내 보겠니? 친구들 사진도 꺼내면 더 좋을 것 같아. 준비가 되었다면 사진을 한번 들여다 보렴. 왜 너는 부모님을 닮은 걸까? 그리고 친구는 왜 너의 부모님과 닮지 않은 걸까? 그건 네가 부모님의 유전자를 물려받았기 때문이야. 유전자는 부모님의 다양한 특징을 담아서 전해 주는 성분을 말해. 부모님의 얼굴, 키, 몸무게, 체형 등이 유전자를 통해 네게 전해진 거지. 한마디로 설계도 같은 거야. 엄마의 설계도를 반절 받고 아빠의 설계도를 반절 받아서 엄마와 아빠를 조금씩 닮은 거란다.

그런데, 이 설계도가 인간과 약 98퍼센트나 비슷한 동물이 있어. 바로 침팬지야. 침팬지가 인간과 유전자가 비슷한 건 어찌 보면 당연해. 침팬지는 인간과 같은 조상을 가지고 있거든. 부모님의 부모님을 찾아 거슬러 올라가다 보면 침팬지의 조상과 겹치게 된단다. 그럼에도 오늘날 인간과 침팬지의 모습이 다른 이유는 오래전에 갈라졌기 때문이야. 같은 조상을 가지고 있다가 약 600만 년 전부터 갈라져서 따로 진화해 왔지. 인간은 지구에서 가장 똑똑한 동물이야. 하지만 침팬지도 인간 다음으로 똑똑한 동물이야. 상황에 맞게 다양한 몸짓으로 소통할 줄 알고, 큰 무리를 이루어 사회생활도 한단다.

그리고 도구를 사용하는 데에도 소질이 있어. 우리가 숟가락으로 밥을 먹는 것처럼 침팬지는 나뭇가지로 개미를 파먹는단다. 마치 수건으로 몸을 닦는 것처럼 나뭇잎에 물을 묻혀 몸을 닦기도 하지. 물론 인간만큼 세밀하게 도구를 다루지는 못해. 하지만 힘은 더 세지. 침팬지의 근육은 인간보다 좀 더 많은 힘을 낼 수 있거든. 침팬지는 정말 알면 알수록 신기한 친구야.

014 새끼를 주머니에 넣고 다니는 동물

엄마, 나는 커서
멀리뛰기 선수가
될 거예요!

　캥거루는 배에 커다란 주머니를 달고 다녀. 과연 그 주머니는 대체 어디에 쓸 일까? 친구들 몰래 먹으려고 맛있는 먹이를 숨겨 놓았을까? 주머니의 정체는 바로 갓 태어난 새끼 캥거루의 집이란다. 새끼 캥거루가 왜 주머니 속에서 살게 되었는지 지금부터 차근차근 알려 줄게. 포유류는 임신을 하면 뱃속에 태반이라는 기관이 생겨. 태반은 뱃속의 아기에게 영양분을 전달해 주는 중요한 역할을 하지. 이 책을 읽는 너도 거의 열 달 동안 태반의 도움을 받았단다. 그런데 캥거루는 이 태반이 잘 발달하지 않았어. 이러한 이유로 새끼가 충분히 잘 자랄 수가 없단다. 그래서 어쩔 수 없이 새끼는 덜 자란 상태로 세상에 나오게 돼.

하지만 걱정하지 않아도 돼. 캥거루에겐 주머니가 있으니까. 밖으로 나온 새끼는 기특하게도 알아서 주머니로 기어서 들어가. 그리고 주머니 안에서 어미의 젖을 먹으며 무럭무럭 자라나지. 태어난 후 약 1년 동안 주머니 속에 머문다고 해. 성장을 마친 캥거루는 덩치가 사람만 하단다. 1년간 주머니 속에만 있어서 답답했던 걸까? 다 큰 캥거루는 매우 잘 뛰어다녀. 무려 8미터나 멀리 뛸 수 있지. 달리기도 사람보다 훨씬 빠르단다. 덜 자란 채로 태어났던 그 조그만 캥거루가 금세 잘 자라서 뛰어다닐 것을 생각하니 정말 흐뭇한 걸.

99퍼센트가 모르는 동물 지식

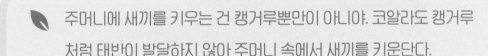 주머니에 새끼를 키우는 건 캥거루뿐만이 아니야. 코알라도 캥거루처럼 태반이 발달하지 않아 주머니 속에서 새끼를 키운단다.

015 똥을 싸도 칭찬받는 동물이 있다?

오늘도 영양가 많은 밥을 먹게 해 주셔서 감사합니다!

'코끼리 아저씨는 코가 손이래. 과자를 주면은 코로 받지요.'

이 노래를 들어 본 적 있니? 코끼리가 나오는 유명한 동요란다. 노랫말처럼 코끼리는 사람들에게 매우 친근한 동물이야. 그런데 코끼리는 다른 동식물들에도 인기가 많아. 코끼리가 가는 곳마다 항상 수많은 곤충이 모여들지. 엄청난 인기의 비결은 바로 '똥'이야. 코끼리는 매일 300킬로그램이 넘는 식물을 먹어. 그런데 무시무시한 먹성과는 반대로 소화력은 좋지 않단다. 많은 영양분을 그대로 똥으로 배출하지. 코끼리의 똥은 많은 동식물들에게 매우 요긴하게 쓰인단다. 누군가에겐 훌륭한 먹이로, 누군가에겐 안락한 보금자리로 쓰이지. 심지어 우리 인간들에게도 쓸모가 있어! 코끼리의 똥에는 종이의 원료가 되는 성분이 들어 있어서 실제로 종이를 만들 수 있거든. 코끼리가 하루에 싸는 똥만으로도 수백 장의 A4용지를 만들 수 있다고 해. 그만큼 많은 나무를 보호할 수 있는 셈이지. 식사를 기다리는 친구도 있을 테니 똥 이야기는 이쯤에서 끝낼게.

코끼리는 기다란 코뿐 아니라, 펄럭이는 귀로도 유명해. 혹시 코끼리의 귀가 왜 그렇게 큰지 알고 있니? 소리를 잘 듣기 위해서가 아니냐고? 맞아. 그런데 또 다른 이유가 있단다. 바로 열을 식히기 위해서야. 코끼리는 더운 지역에 살아서 항상 많은 열을 받아. 그래서 넓은 귀를 부채질하여 몸을 식히지. 아무리 더워도 화내지 않고, 가만히 부채질하며 항상 동식물에게 좋은 영양분을 나눠 주는 코끼리는 정말 착한 동물이야.

99퍼센트가 모르는 동물 지식

- 코끼리는 점프할 수 없어. 몸통에 비해 다리가 연약해서 점프하면 크게 다칠 수 있단다.

- 코끼리는 사람은 물론이고 개보다도 뛰어난 후각을 자랑해.

- 코끼리의 이빨은 평생 정해진 횟수만큼 다시 자라나. 마지막 어금니까지 닳아 없어지면 안타깝게도 굶어 죽고 말지.

016 표범은 나무 위에서만 밥을 먹는다?

난 집콕 대신
'나무콕'을 해.

넌 너만의 공간이 있니? 아무도 방해하지 않는 조용한 공간 말이야. 동물들 중에도 이러한 비밀 공간을 좋아하는 친구가 있어. 바로 표범이지. 표범은 대부분의 일을 나무 위에서 해결해. 사냥할 때만 빼고 말이야. 나무를 탈 만큼 운동 신경이 뛰어난 표범은 사냥도 잘한다고 해. 사냥감을 찾으면 매우 조용히 다가가지. 발소리가 나지 않게 발톱까지 숨기면서 걸어간단다. 표범은 피부의 무늬가 주변 환경과 비슷해서 발견하기 쉽지 않아. 그렇게 사냥감의 코앞까지 다가간 뒤, 한달음에 달려가 단번에 제압한단다.

자, 사냥에 성공했으니 이제 먹어야겠지? 표범은 먹이를 덥석 물어. 하지만 아직은 먹지 않지. 먹이를 물고 나무 위로 올라가고 나서야 마음 놓고 식사를 한단다. 나무 밑에서는 사자 같은 동물들에게 뺏길 수 있기 때문이야. 매번 나무 위로 올라가는 게 힘들지 않냐고? 걱정하지 마. 표범은 자기보다 세 배나 무거운 동물도 거뜬히 들 만큼 힘이 세거든. 그렇게 식사를 마친 표범은 그대로 나무 위에서 꿀 같은 휴식을 취한단다. 더운 여름에 길거리를 걸을 때면, 시원한 나무 위에서 쉴 수 있는 표범이 너무 부러울 거야.

99퍼센트가 모르는 동물 지식

🍃 표범은 치타와 비슷하게 생겼어. 간단한 구별법을 알려 줄게. 치타는 진한 눈물 자국이 있고 표범은 없어. 그리고 몸의 무늬도 조금 다르지. 치타는 검은 점 모양인데 표범은 꽃 모양을 닮았단다.

017 선크림을 바르는 동물

여름이 되면 꼭 해야 하는 일이 있어. 바로 선크림을 바르는 거야. 그런데 솔직히 조금 귀찮지 않니? 우리는 왜 선크림을 발라야 할까? 햇빛에는 여러 종류의 빛이 들어 있는데, 그중에는 '자외선'이라는 빛이 있어. 자외선은 다른 빛들보다 힘이 세서 피부의 세포를 훼손할 수 있단다. 물론 비타민을 합성하는 데 도움을 주지만, 그래도 선크림 바르는 것을 소홀히 하지 말렴. 선크림을 발라도 자외선이 조금씩 흡수되기 때문에 충분히 비타민을 만들 수 있어. 자외선은 사계절 내내 내리쬐니까 항상 발라 주면 좋단다.

여기서 잠깐, 동물은 선크림을 바르지 않아도 될까? 동물들도 똑같이 자외선에 노출되면 안 좋을 텐데 말이야. 특히나 아프리카에 사는 하마는 반드시 발라야 하지 않을까? 자, 이제 놀라지 말고 들어 봐. 하마는 정말로 선크림을 바른단다. 물론 우리가 사용하는 선크림이 아니라, 자외선 차단 효과가 있는 땀을 흘려. 땀이 붉은색이기 때문에 하마는 땀을 흘리면 몸통이 불그스름해지지. 게다가 하마의 땀은 상처도 치료해 줘. 상처가 세균에 감염되지 않도록 도와준단다. 땀 덕분에 지저분한 웅덩이에 들어가도 멀쩡하지. 이제 보니 우리가 쓰는 선크림보다 좋은 것 같아. 냄새가 좀 지독한 것만 빼고!

내 땀은 기능성 선크림이야!

냄새!

하마는 우리 생각보다 달리기가 아주 빨라. 100미터를 10초 안에 달린단다. 심지어 수영도 잘하지. 성격도 매우 사나우니까 혹시 만나더라도 절대 다가가지 않는 게 좋아.

018 누가 나한테 비겁한 동물이래?

혹시 잘못된 소문이 퍼지는 바람에 힘들었던 적이 있니? 이번엔 잘못된 소문으로 힘들어하는 어느 동물 친구의 이야기를 들려줄게. 이 친구는 주로 아프리카에 살고 '청소부'라는 별명이 있어. 이름은 네 글자고 '하'로 시작하지. 누굴까? 정답은 바로 하이에나야. 하이에나는 다른 동물이 남긴 먹이도 말끔히 처리해서 '청소부'라는 별명이 붙었지. 강력한 턱과 무시무시한 소화력으로 그 무엇이든 남김없이 해치운단다. 하이에나 덕분에 아프리카 초원이 사체들로 가득하지 않고 깨끗할 수 있지.

그런데 몇몇 사람은 하이에나가 남이 사냥한 먹이를 먹는 게 비겁하다고 생각하나 봐. 별다른 노력 없이 이익을 취하는 사람에게 '하이에나 같다'라고 비꼬는 거 있지? 하이에나는 이러한 편견이 너무 억울하다고 해. 사실 하이에나는 직

접 사냥해서 먹는 경우가 훨씬 많거든. 무엇보다 사체를 깨끗이 치워 주는데도 안 좋은 취급을 받으니 얼마나 억울하겠어. 그러니까 우리 이제는 이렇게 해보는 게 어떨까? 야비하게 이익을 취하는 사람이 아니라, 일을 깔끔하게 잘 마무리하는 사람에게 하이에나 같다고 칭찬해 보는 거야!

99퍼센트가 모르는 동물 지식

- 포유류 동물들은 대부분 암컷보다 수컷이 더 커. 그런데 하이에나는 반대로 암컷이 더 크단다. 무리를 이끄는 우두머리도 암컷이지.

- 하이에나는 몸집이 작지 않고 협동심도 좋아서 뛰어난 사냥 실력을 가지고 있어. 하이에나가 큰 무리를 이루어 돌아다니면, 때로는 사자도 자리를 피한단다.

019 우는 아이는 호랑이가 잡아간다?

아이가 울 때는 어떻게 해야 잘 달랠 수 있을까? 맛있는 간식? 아니면 재미있는 만화? 옛날에는 아주 효과가 뛰어난 방법이 한 가지 있었어. 옛 부모님들은 아이가 울 때면 호랑이가 잡아간다고 말했단다. 아이들은 호랑이가 울음소리를 듣고 온다니까 겁을 먹고 뚝 그쳤지. 그만큼 호랑이는 무서운 동물이었어. 아이 뿐만 아니라 다 큰 어른들에게도 공포의 대상이었단다.

호랑이는 단순히 힘만 센 동물이 아니야. 운동 신경이 매우 뛰어나서 나무도 잘 타고 수영도 잘하지. 그래서 한번 마주치면 도망치기가 매우 힘들어. 그나마 다행인 건 호랑이는 혼자 산다는 거야. 새끼를 키울 때만 가족과 살고, 새끼가 다 크면 흩어져서 살지. 혹시 울면 호랑이가 잡아갈까 봐 걱정되니? 그렇다면 안심하렴. 지금은 아무리 크게 울어도 호랑이가 찾아오지 않아. 환경 오염과 전염병, 사람들의 무분별한 포획으로 거의 멸종했거든. 현재 우리나라에서 호랑이를 볼 수 있는 곳은 동물원밖에 없단다. 정말 안타까운 일이야.

알아두면 쓸데 있는 동물 이야기 1

원숭이도 사람이 될 수 있을까?

우리 조상이 원숭이와 비슷하다고 말했던 것이 기억나니? 그렇다면 원숭이도 오랜 시간이 지나면 인간으로 진화할 수 있을까? 결론부터 말하자면, 거의 불가능해. 우리는 '원숭이와 생김새가 비슷한 조상'에서 진화한 거지, '원숭이'로부터 진화한 게 아니거든. 인간과 원숭이는 오래전 하나의 조상에서 나누어진 후, 각자 다른 방향으로 진화해 왔지. 이제 와서 원숭이가 인간과 비슷해지려면 아주 긴 시간 동안 엄청난 운이 따라야 해. 게다가 지금의 지구는 인간이 진화해 온 과거의 환경과 매우 달라서 더욱 어려울 거야. 진화는 환경과 밀접한 관련이 있기 때문이지.

개가 헥헥거리는 이유

수만 년 전에도
우린 친구였구나!

　살면서 개를 한 번도 보지 못한 친구는 아마 없을 거야. 그만큼 개는 우리 인간에게 친근한 동물이지. 인간과 개의 우정은 무려 수만 년이나 돼. 인간은 매우 오래 전부터 개를 키우기 시작했단다. 그때나 지금이나 개는 인간에게 많은 도움을 주고 있어. 둘도 없는 친구가 되어 주기도 하고, 많은 사람의 안전을 지켜 주기도 하지. 뛰어난 후각으로 실종된 사람을 찾거나, 위험한 물질을 발견하여 사고를 예방해 준단다. 그렇다면 개는 어떻게 냄새를 잘 맡는 걸까? 그건 바로 냄새를 감지하는 후각 세포가 많기 때문이야. 입안에도 냄새를 감지하는 기관이 있어서 입으로 냄새를 맡을 수 있지. 다만 건조하면 냄새를 잘 맡지 못해. 그래서 코를 자주 핥는 거란다.

하지만 이렇게 다재다능한 개도 없는 게 있어. 바로 땀을 내보내는 땀샘이 모자라단다. 땀은 열을 식히는 역할을 하기 때문에, 땀샘이 없으면 몸의 열을 식히기가 힘들어. 그 원리를 설명해 줄게. 먼저, 땀은 몸의 열을 흡수해. 그리고 뜨거워져서 수증기로 변해 날아가지. 이것을 증발이라고 해. 물이 끓으면 뿌연 수증기가 나오는 것도 같은 원리란다. 개는 땀샘이 아주 조금밖에 없어서 입으로 열을 내보내. 그러니까, 개가 뛰고 나서 헥헥거리는 건 몸의 열을 식히기 위해서란다. 체력이 약해서 그런 게 아니니까 오해하지 말렴.

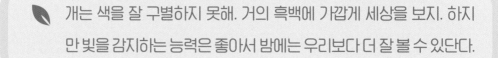

99퍼센트가 모르는 동물 지식

개는 색을 잘 구별하지 못해. 거의 흑백에 가깝게 세상을 보지. 하지만 빛을 감지하는 능력은 좋아서 밤에는 우리보다 더 잘 볼 수 있단다.

021 고슴도치의 거리 두기

친구?

?

　귀여운 외모의 고슴도치는 반려동물로도 인기가 많은 동물이야. 이렇게 작고 귀여운 친구가 어떻게 험한 자연 속에서 살아남은 걸까? 비결은 바로 날카로운 가시야. 고슴도치는 수만 개의 가시를 가지고 있어. 위험한 상황이 닥치면 몸을 동그랗게 말아서 밤송이처럼 만들지. 밤송이가 된 고슴도치는 독사도 건들지 못한단다. 오히려 고슴도치가 독사를 사냥하지. 가시가 박히면 빼면 되지 않냐고? 고슴도치의 가시는 겉보기와 달리 잘 빠지지 않아. 매우 잘 박히는 데다, 빼는 것도 힘들어서 정말 까다롭지. 그리고 고슴도치의 가시가 박히면 죽진 않더라도 큰 피해를 볼 수 있어. 상처를 통해 병균에 감염되면 병에 걸려서 사냥을 못하게 되거든. 사냥을 못 하면 굶어 죽게 되지. 그래서 많은 포식자는 굳이 고슴도치를 건들지 않는단다.

그렇다면 고슴도치는 가족이나 친구들과도 항상 떨어져 있어야 하는 걸까? 아니, 붙어 있어도 괜찮아. 고슴도치는 마음대로 가시를 세우거나 눕힐 수 있거든. 위험할 땐 가시를 세우지만, 편안할 땐 가시를 눕히지. 고슴도치는 가시 때문에 추울 때도 서로 적절한 거리를 둔다는 말이 있는데, 이건 사실이 아니란다. 한 가지 더, 고슴도치는 태어나기 전부터 가시를 갖고 있어. 그럼 아기가 나오면서 엄마가 다치지 않냐고? 걱정 마, 가시는 피부 속에 숨어 있다가 태어난 뒤에 점점 바깥으로 나오니깐 말이야. 적에게는 날카롭고 같은 편에겐 한없이 부드러운 고슴도치, 정말 매력적이지 않니?

99퍼센트가 모르는 동물 지식

 고슴도치 가시는 사실 털이나 마찬가지야. 털이 딱딱하게 굳어서 가시가 되었단다.

022

하루만 고양이로 살아 본다면?

고양이는 엄청난 잠꾸러기야. 하루의 3분의 2를 잠으로 보내지. 겉보기엔 푹 자는 것 같지만, 실제로는 얇게 자주 잔다고 해. 아무튼 늘어져 자는 고양이를 볼 때면 가끔은 고양이로 살아 보고 싶어. 만약 고양이로 하루를 살게 된다면 어떨까? 고양이가 되면 너는 밥을 먹기 전에 식단을 확인할 필요가 없어. 냄새를 매우 잘 맡아서 수백 미터나 떨어져 있는 음식도 알 수 있거든. 소변 냄새만 맡고도 다른 고양이의 성별을 구분할 정도란다.

다만 아쉬운 점은 달콤한 후식을 포기해야 한다는 거야. 왜냐하면 고양이는 단맛을 못 느끼거든. 동물들의 미각은 자신에게 필요한 음식을 잘 느끼도록 진화했어. 그래서 고기를 먹는 동물들은 단맛을 잘 느끼지 못한단다. 고기에서는 단맛이 나지 않아서 느낄 필요가 없거든. 고양이도 고기를 좋아하는 동물이라서 단맛을 느끼지 못해. 하지만 후각을 이용해 다양한 맛을 느낄 수 있지. 그래서 후각에 이상이 생기면 식욕이 떨어지기도 한단다. 우리가 감기에 걸리면 밥맛이 떨어지는 것처럼 말이야. 어때, 하루쯤은 고양이로 살아 보는 것도 괜찮을 것 같니?

99퍼센트가 모르는 동물 지식

- 북아일랜드 퀸스 대학의 과학자들은 재밌는 실험을 했어. 고양이들이 어떤 발을 주로 사용하는지 살펴보았지. 신기하게도 암컷은 오른발을, 수컷은 왼발을 주로 쓴다지 뭐야.

- 고대 이집트인들은 곡물을 갉아먹는 쥐를 잡기 위해 고양이를 매우 아꼈단다. 고양이를 신처럼 섬기고, 고양이를 죽인 사람은 사형에 처했다고 해.

023

목숨을 걸고
똥을 싸는 동물

정말 손가락도 까딱하기 싫을 만큼 만사가 귀찮았던 적 있니? 모든 일을 침대
위에서 할 수 있다면 얼마나 좋을까? 이렇게 꿈만 같은 삶을 사는 친구가 있어.
바로 느림의 대명사, 나무늘보지. 나무늘보는 온종일 나무 위에서 살아. 그것도
매달린 채로 말이지. 힘이 세지는 않지만, 발톱이 휘어진 덕분에 쉽게 매달릴 수
있어. 나무늘보는 모든 일을 나무 위에서 해결해. 가장 많이 하는 일은 자는 거

야. 하루의 대부분을 잠으로 보내지. 자다가 배가 고프면 일어나서 먹잇감을 구해. 멀리 나갈 필요는 없어. 옆에 달린 나뭇잎을 먹으면 되거든. 워낙 움직이지 않아서 나뭇잎으로도 충분한 에너지를 섭취할 수 있단다.

하지만 한 가지 걱정되는 게 있어. 나무늘보는 포식자가 나타나면 어떻게 할까? 너무 느려서 금방 잡아먹힐 텐데 말이야. 그런데 있잖아, 포식자들은 나무늘보를 아예 찾지 못한다고 해. 느려서 못 알아보기도 하지만, 등에 자란 초록색의 풀이 몸을 숨겨 주거든. 등에 자란 풀은 나무늘보의 비상식량이 되기도 한단다. 나무늘보가 위험한 상황은 딱 하나야. 바로 똥을 쌀 때지. 나무늘보는 똥을 싸기 위해 매주 한 번씩 땅으로 내려와. 나무 위에서 싸면 안 되냐고? 절대 안 돼. 똥 냄새 때문에 포식자들에게 들킬 수 있거든. 자, 지금까지 나무늘보의 생활 모습을 살펴봤어. 똥 쌀 때만 조심하면 편히 살 수 있는 삶… 어때, 정말 부럽지 않니?

99퍼센트가 모르는 동물 지식

🌿 나무늘보는 털도 거꾸로 나. 사람으로 치면 머리카락이 처지지 않고 위로 뻣뻣하게 자라는 거란다.

024

다람쥐의 욕심이
숲을 키운다?

지난 가을에
나를 심어 줘서
고마워!

내가?

  다람쥐는 산에 가면 흔히 볼 수 있는 귀여운 친구야. 비록 몸집은 작지만 아주 날쌔단다. 오죽하면 '다람쥐'의 뜻이 '달리는 쥐'라고 해. 다람쥐는 정신 없이 돌아다니면서 나무의 열매를 모아. 그리고 입이 터지도록 열매를 욱여 넣지. 그 많은 열매를 어떻게 다 먹으려고 그러는 걸까? 설사 다 먹는다고 해도 큰일이야. 열매를 남김없이 먹어 버리면 열매 안에 있는 씨앗이 싹을 틔울 수 없거든.

다람쥐는 겨울을 나기 위해 많은 열매를 땅속에 묻어 놔. 식량을 들키지 않기 위해 여러 곳에 나눠 묻지. 그런데 문제가 있어. 바로 다람쥐 자신도 열매를 찾기 힘들다는 거야. 아무리 기억력이 좋아도 수천 개의 열매를 모두 기억하긴 어렵지. 결국 다람쥐는 대부분의 열매를 먹지 못하고 그대로 방치해 버려. 못 찾은 열매들은 땅속에 잘 뿌리를 내리고 무럭무럭 자란단다. 열매를 독차지하려는 욕심이 오히려 열매를 키우는 결과를 낳는다니, 정말 재밌지 않니?

99퍼센트가 모르는 동물 지식

 다람쥐는 친구가 열매를 숨기는 걸 몰래 보고 있다가 훔쳐 먹기도 해.

025 돼지에게 숨겨진 특별한 비밀

돼지를 생각하면 어떤 모습이 떠오르니? 핑크빛 몸뚱이에 납작한 코가 생각나지? 그런데 돼지가 사실은 멧돼지의 후손이라고 해. 그래, 맞아! 엄청난 덩치와 험악한 송곳니를 가진 그 멧돼지 말이야. 이게 어떻게 된 일인지 천천히 설명해 줄게.

돼지는 멧돼지를 가축화한 동물이야. '가축화'란 사나운 동물을 다루기 쉽게 순화시키는 과정을 말해. 우선 많은 멧돼지 중에 성격이 온순하고 번식을 잘하는 동물을 고른단다. 그리고 짝짓기를 시키지. 이 과정을 계속 반복하면, 점점 더 순하고 번식을 잘하는 동물이 태어나. 멧돼지는 약 만 년 동안 가축화를 거치며 성질이 많이 바뀌었지. 몸집이 작아지고 피부는 연해졌으며 송곳니도 들어갔어. 그렇게 해서 탄생한 게 지금의 돼지란다. 집에서 키운다 해서 집돼지라고도 하지. 그런데, 가축화가 된 돼지에게도 야생에서 사용하던 뛰어난 감각들이 남아 있어. 특히 냄새를 매우 잘 맡아. 그래서 사람들은 아주 귀한 버섯을 찾을 때 돼지의 도움을 받는단다.

몇몇 사람들은 돼지가 더럽고 둔한 동물이라고 생각해. 아마도 진흙탕에 뒹구는 모습 때문이 아닐까 싶어. 돼지는 왜 그렇게 진흙을 좋아할까? 짙은 피부

냄새를 엄청
잘 맡는 걸 뭐라고 하게?
정답, 내 코는 돼지 코!

멧돼지 코도
끼워 줘.

MUSHROOM

의 멧돼지를 흉내 내려고 진흙을 칠하는 걸까? 정답은 바로 '땀샘'이 없어서야. 돼지는 땀샘이 없어서 몸의 열을 내보내기가 힘들거든. 그래서 시원한 흙에 몸을 비벼 몸을 식히는 거란다. 쾌적한 환경에서는 뒹굴지 않는다고 해. 그리고 돼지는 매우 똑똑한 편이야. 인간으로 치면 서너 살 아이와 비슷한 지능을 가지고 있지. 훈련만 잘하면 개만큼 많은 일을 할 수 있단다.

99퍼센트가 모르는 동물 지식

돼지는 목뼈가 유연하지 않아서 위를 올려보지 못해.

026 단 세 시간만 굶어도 죽는 동물

밥을 굶어 본 적 있니? 다들 밥맛이 없어서, 혹은 살을 빼려고 식사를 거른 적이 있을 거야. 우리는 최대 몇 시간이나 안 먹고 버틸 수 있을까? 아마 대부분 하루를 넘기지 못할 거야. 고작 한 끼만 굶어도 배에서는 꼬르륵 소리가 울리지. 그런데 그거 아니? 우리는 밥을 먹지 않아도 생각보다 오래 버틸 수 있대. 하루 이틀도 아니고 무려 3주나 말이지. 이렇게나 긴 시간을 버티는 건 바로 몸에 저장된 영양소 덕분이야. 음식을 먹지 않아도 몸속에 저장된 지방과 단백질 등을 사용해 견딜 수 있지.

그렇다면 동물 친구들은 어떨까? 험난한 환경에서 살아가는 만큼 배고픔도 더 잘 버틸 것 같지 않니? 놀라지 마! 우리보다도 훨씬 배고픔을 못 참는 친구가 있단다. 땃쥐는 단 세 시간만 먹지 못해도 목숨이 위험하대. 그 이유는 바로 몸집이 작기 때문이야. 동물은 몸집이 작을수록 열을 빨리 잃거든. 작은 동물은 큰 동물보다 몸이 밖으로 드러나는 비율이 높아. 바깥 환경과 더 많이 접촉하기 때문에 열도 더 잘 빼앗기지. 뜨거운 물을 여러 개의 컵에 조금씩 나눠 담으면, 컵 하나에 모두 담았을 때보다 빨리 식는 것처럼 말이야.

땃쥐의 심장은 체온을 유지하기 위해 매우 열심히 일하지. 1분 동안 무려 900번이나 뛴단다. 이렇게 땃쥐는 가만히만 있어도 많은 에너지가 소모되기 때문에 쉬지 않고 먹어. 하루 동안 자기 몸무게의 세 배나 되는 양을 먹지. 이렇게 말하니까 별로 실감이 안 나지? 좀 더 와닿게 비유를 해 줄게. 이게 얼마나 많은 양이냐면, 중학생 정도 되는 아이가 하루에 컵라면을 약 1500개씩 먹는 것과 같아. 컵라면을 1분마다 하나씩 계속 먹어야 한다고!

땃쥐는 워낙 많은 에너지가 필요해서 먹잇감을 가리지 않고 사냥해. 풀이나 열매보다는 고기에 에너지가 많아서 주로 육식을 하지. 음파를 이용해 어두운 밤에도 귀신같이 먹잇감을 찾아낸대. 먹잇감을 찾으면 독 이빨로 물어서 순식간에 제압해. 땃쥐는 먹잇감만큼이나 무서운 포식자들도 자주 마주쳐. 이럴 땐 독 이빨을 한껏 드러내며 겁을 주는 게 좋을까? 땃쥐는 매우 영리한 방법을 써. 아주 지독한 냄새를 풍겨서 입맛을 달아나게 만들지. 일분일초가 아까운 땃쥐에겐 가장 현명한 방법이야.

99퍼센트가 모르는 동물 지식

🍃 땃쥐의 독은 먹잇감의 몸만 마비시키고 의식은 마비시키지 않는다고 해. 그 말은, 먹잇감은 의식이 뚜렷한 채로 잡아먹힌다는 뜻이지. 귀여운 외모의 땃쥐는 알고 보니 정말 무서운 친구였어.

🍃 '사비왜소땃쥐'라는 친구는 몸집이 지우개보다도 작아. 그래서 심장도 더 빠르게 뛴단다. 믿기지 않겠지만 1분에 약1500번이나 뛴다고 해.

027 코브라도 이기는 싸움의 고수

이 몽구스 선생님이
너희 아기 맹수들한테
싸움의 고수가 되는 법을
가르쳐 줄게.

　무술을 배워 본 적 있니? 태권도, 합기도, 복싱 등 그 어떤 종류든 말이야. 만약 무술을 배운 친구라면 집중해 주길 바라. 바로 '싸움의 고수'가 되는 법을 알려 줄 거거든. 마침 특별한 사부님을 모셨단다. 사부님은 동물들 사이에서 소문난 싸움꾼으로 명성이 자자해. 오늘의 동물 사부님은 바로 몽구스란다. 호랑이나 사자를 기대했건만, 몽구스가 웬 말이냐고? 작고 귀여운 몽구스가 싸움의 고수라는 게 좀처럼 믿기지 않을 거야. 하지만 몽구스가 싸우는 걸 보면 단번에 인정하게 될걸. 몽구스는 무서운 독을 가진 코브라와 싸워도 곧잘 이기는 실력자란다.

지금부터 그 비결을 하나씩 알려 줄게. 첫 번째 비결은 자신감이야. 많은 사람은 몽구스가 면역력이 뛰어나서 코브라에 물려도 괜찮다고 생각해. 그런데 사실은 그렇지 않단다. 면역력이 있긴 해도 아예 피해가 없는 건 아니거든. 다른 동물들보다 좀 더 잘 버틸 뿐이지, 몽구스도 코브라에게 여러 번 물리면 위험할 수 있어. 그런데도 몽구스는 물러서지 않고 끝내 싸워서 이기지. 자신감이 정말 대단하지 않니?

두 번째 비결은 관찰력이야. 뱀이 공격하는 걸 자세히 보면 특이한 점을 알 수 있어. 바로 공격 방법이 정해져 있다는 거지. 영리한 몽구스는 이를 알고, 코브라가 공격 자세를 취하면 빠르게 피해 버린단다.

마지막 비결은 바로 속임수야. 몽구스는 싸울 때 털을 뻣뻣하게 세워. 털이 서면 몸집이 더 커 보여서 코브라를 속일 수 있어. 코브라는 분명 피부인 줄 알고 물었는데, 털만 건드리는 상황이 생기지. 더군다나 털이 뻣뻣해서 잘 물 수도 없어. 이쯤 되면 코브라가 너무 불쌍하지 않니? 자, 지금까지 몽구스의 싸움 비결을 알아봤어. 이 내용을 참고해서 너도 무술의 고수가 되길 바랄게. 고수가 되어 괴롭힘 당하는 약한 친구들을 지켜 준다면 정말 멋있을 거야.

99퍼센트가 모르는 동물 지식

- 몽구스는 뱀을 사냥하기로 유명하지만, 사실 뱀보다는 다른 것을 많이 먹어. 동물, 식물 가리지 않고 먹는 잡식성이지.

- 몽구스는 족제비와 닮았어. 하지만 둘은 엄연히 다른 동물이야. 고양이와 개의 차이라고 보면 돼.

박쥐는 똥도 거꾸로 쌀까?

엄마, 나 오줌 마려워~

똑바로 매달려서 눠야 한다, 알았지?

박쥐는 왜 거꾸로 매달려 있을까? 그건 바로 다리 근육량이 적어서 그렇대. 박쥐는 포유류인데도 날 수 있어. 날려면 몸이 가벼워야 하는데, 박쥐는 다리 근육이 적어서 가능하단다. 대신 다리 근육이 적다 보니 제대로 서 있지 못하고 거꾸로 매달려야 하지. 하지만 하체의 구조가 특수해서 오랜 시간 편하게 매달 릴 수 있어. 혈관 구조도 독특해서 오래 매달려도 어지럽지 않단다. 제대로 서 지는 못해도, 박쥐에게는 아주 특별한 능력이 있어. 바로 초음파를 쓸 줄 안다는 거야. 시력이 안 좋아도 초음파를 이용하면 깜깜한 곳에서도 먹이를 잘 찾을 수 있단다. 초음파를 발사한 뒤, 반사되어 돌아오는 것을 감지하지. 수많은 박쥐 사이에서도 자기의 초음파만 정확히 들을 수 있대.

맞아! 신기한 사실이 생각났어. 참고로 박쥐는 포유류라서 알이 아닌 새끼를 낳는단다. 거꾸로 매달려서 새끼를 낳고, 거꾸로 매달린 채로 새끼를 키우지. 다만 똥이나 오줌을 쌀 때는 똑바로 매달린다고 해. 정말 웃기지 않니?

99퍼센트가 모르는 동물 지식

🍃 박쥐중에는 동물의 피를 빨아 먹는 친구도 있어. '흡혈박쥐'라고 부르지. 무서운 이미지와 달리 의외로 배려심 있는 친구야. 배고픈 동료가 있으면 먹이를 토해서까지 나눠 준단다.

029 누구든지 겉모습으로 판단하면 안 되는 이유

우리가 사람을 만날 때마다 흔히 하는 잘못된 습관이 있어. 바로 겉모습으로 사람을 판단하는 것이지. 많은 연구 결과도 이 사실을 증명해주고 있어. 새로운 사람을 만나면, 우리는 단 몇 초 만에 그 사람에 대한 인식을 갖는다고 해. 이러

한 첫인상은 대부분 외모에 의해 결정되는 편이야. 물론 외모가 실제 그 사람의 특성과 비슷할 수도 있어. 하지만 알고 보면 그렇지 않은 경우가 많단다. 이번엔 외모에 대한 우리의 편견을 부숴 주는 동물 친구를 소개해 줄게.

벌거숭이두더지쥐는 이름처럼 털이 없는 모습을 하고 있어. 매우 연약해 보이지만, 이 친구는 보기보다 정말 많은 재능을 가지고 있단다. 특히 약해 보이는 외모와는 반대로 고통에 강한 면모를 보여 주지. 벌거숭이두더지쥐의 피부에는 털이 거의 없지만, 뜨거운 햇빛 아래에서도 거뜬히 버틴단다. 그리고 숨을 쉬지 않은 채로 오래 버틸 수도 있어. 무려 20분 동안 말이야!

무엇보다 가장 굉장한 능력은 바로 오래 산다는 거야. 이 친구는 약 30년이나 살거든. 물론 우리가 보기에는 그리 대단치 않아 보일 수 있어. 하지만 같은 과의 동물과 비교해 볼까? 벌거숭이두더지쥐와 같은 과인 설치류에 속하는 동물로는 햄스터가 있어. 햄스터의 수명은 길어야 3년이니까, 햄스터보다 10배나 오래 사는 셈이지. 사람으로 치면 800살을 사는 거란다. 하지만 아무리 오래 살아도 혼자 살면 재미없겠지? 벌거숭이두더지쥐는 땅굴을 파서 가족들과 함께 살아. 새끼를 낳고, 새끼를 키우고, 굴을 지키는 역할을 나누어 해결하지. 안락한 집에서 가족들과 오래도록 건강하게 산다니, 정말 행복할 것 같아.

99퍼센트가 모르는 동물 지식

🌿 벌거숭이두더지쥐는 땀샘이 없어서 체온 조절을 못해. 하지만 땅굴은 온도와 습도가 매우 적절하기 때문에 문제없단다.

030 자연에서 제일가는 건축가

너는 어떤 집에서 살고 싶니? 성처럼 높은 집, 아니면 궁전처럼 예쁜 집? 우리가 각자 바라는 집이 있는 것처럼, 동물 친구들도 저마다 원하는 집을 짓고 산단다. 새는 둥지를 짓고, 두더지는 굴을 파지. 모두들 자연의 재료를 이용해 개성 있

는 보금자리를 만들어. 그중에 가장 거대한 건 아마 비버의 집일 거야. 비버는 자연에서 제일가는 건축가야. 어마어마한 규모의 공사도 막힘없이 진행하지. 비버는 포식자들을 피하려고 강 한가운데에 집을 지어. 그것도 모자라, 강의 수위(물의 높이)를 높이기까지 한단다. 강 주변을 나뭇가지로 막아서 댐을 만든 다음, 물을 가두면 수위가 점점 올라가지. 길게는 수백 미터에 달하는 댐을 만들기도 한대.

그리고 비버는 튼튼한 앞니로 커다란 나무도 거뜬히 자를 수 있어. 앞니는 계속 자라기 때문에 마음껏 나무를 갉아 낼 수 있단다. 비버는 강 가장자리에 나무를 쌓고, 물이 새는 틈새는 돌과 진흙으로 막아. 강을 모두 막고 나면 이제 집을 지을 차례야. 비버는 포식자들을 막기 위해 아예 물속에 입구를 만들어. 집 안은

강보다 높아서 공기가 차 있으니 걱정 마. 생각보다 넓어서 사람도 들어갈 수 있단다. 집을 완성한 비버는 겨울이 되기 전에 비축한 식량을 몽땅 집 안으로 가져오지. 우리도 나중에 비버처럼 독특한 집을 만들어 보면 어떨까?

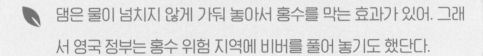

99퍼센트가 모르는 동물 지식

댐은 물이 넘치지 않게 가둬 놓아서 홍수를 막는 효과가 있어. 그래서 영국 정부는 홍수 위험 지역에 비버를 풀어 놓기도 했단다.

031 스컹크의 방귀가 무서운 이유

스컹크는 몸집이 개와 비슷한 정도로, 그리 크지 않은 동물이야. 그런데 커다란 맹수◆들도 스컹크를 보면 도망가기 바쁘지. 스컹크가 싸움을 엄청나게 잘해서 그런 걸까? 그 이유는 바로 '방귀' 때문이야. 스컹크의 방귀는 매우 독하기로 유명해. 사실 정확히 말하면 방귀는 아니야. 위기를 느낀 스컹크는 항문 옆에 있는 작은 구멍에서 노란 액체를 내뿜어. 이 분비물이 눈에 들어가면 한동안 앞이 안 보인단다. 만약 냄새를 제대로 맡으면 숨을 쉬기가 힘들어지지. 더욱더 무서운 건, 스컹크가 조준을 아주 잘한다는 거야. 목표물이 3미터나 떨어져 있어도 정확히 맞춘다고 해. 심지어 연속으로 여러 번 발사할 수도 있지.

도대체 냄새가 어떻길래 다들 기겁하는 걸까? 냄새를 맡아본 사람들은 마치 음식물 쓰레기와 고무 타는 냄새가 섞인 것 같다고 이야기해. 상상만 해도 끔찍하지? 오죽하면 무시무시한 맹수들이 화들짝 놀라며 도망가겠니. 아무리 맛있는 음식이라도 악취가 나면 먹기 싫어질 거야. 물론 동물들이 스컹크를 피하는 가장 큰 이유는 따로 있어. 몸에 냄새가 배면 큰일이기 때문이야. 사냥을 잘하려면 먹잇감이 모르게 접근해야 하는데, 지독한 냄새가 나면 먹잇감이 눈치채고 도망가 버리거든. 스컹크와 싸우고 한참을 굶느니, 차라리 포기하는 게 낫겠지.

99퍼센트가 모르는 동물 지식

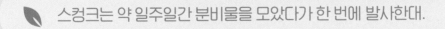 스컹크는 약 일주일간 분비물을 모았다가 한 번에 발사한대.

♦ 맹수: 사나운 동물을 말해. 주로 육식을 하지.

032 투표를 하는 동물이 있다?

사냥을 갈지 말지 투표로 정할게.

에츄

헷취!

앗츄~

꺼~억!

장난치지 마!

학교에서 투표를 해 본 적이 있니? 투표는 모든 사람들의 의견을 공정하게 결정할 수 있는 정말 좋은 방법이야. 놀라운 사실은, 동물 중에도 투표를 하는 친구가 있단다. 아프리카에 사는 아프리카 들개는 투표를 좋아해. 우리는 일 년에 한두 번씩 투표를 하지만, 아프리카 들개는 거의 매일 하지. 투표를 통해 사냥을 할지, 안 할지를 정한단다.

그럼 투표는 어떤 방식으로 할까? 흙바닥에 발 도장을 찍어서 할까? 아프리카 들개는 특이하게도 재채기로 의견을 밝힌다고 해. 재채기가 많이 나오면 사냥을 하는 거지. 여러 가지 상황을 고려해서 신중하게 투표하고 결정한 만큼, 사냥 성공률도 뛰어나단다. 우리도 이렇게 다양한 의견을 존중하면 아프리카 들개처럼 좋은 성과를 많이 거둘 수 있을 거야.

033 달라도 너무 달라! 사막여우와 북극여우

쫑긋 선 귀와 오목조목한 이목구비가 귀여운 여우를 아니? 여우는 귀여운 생김새와 달리, 무시무시한 생존력을 가진 동물이야. 지구에서 가장 더운 지역과 추운 지역에서 모두 살고 있단다. 더운 사막에 사는 여우를 사막여우, 추운 북극에 사는 여우를 북극여우라고 불러. 두 친구는 같은 여우지만 뚜렷하게 다른 점이 있어. 바로 귀의 크기지. 사막여우는 귀가 엄청나게 커. 이렇게 커다란 귀로 몸의 열을 내보낸단다. 더운 곳에서 살아서 열을 내보내는 게 무척 중요하거

네가 여우라고?
나도 여우인데!

든. 해가 뜬 낮에는 땅굴을 파고 들어가 있다가, 해가 지고 나면 나와서 사냥을 시작하지. 그렇다면 북극여우는 귀가 클까, 작을까? 그래, 맞아. 북극여우는 열을 잘 지켜야 해서 귀가 작단다. 추위를 피하고자 사막여우처럼 굴을 파고 살지.

이 둘은 털 색깔도 달라. 사막여우는 사막의 모래처럼 연한 노란색이야. 주변 환경과 비슷해서 먹잇감에게 들키지 않고 수월히 사냥할 수 있지. 포식자의 눈에도 잘 띄지 않아서 좋아. 참고로 사막여우는 발에도 털이 나 있단다. 그 덕분에 모래에 잘 빠지지 않고, 뜨거운 모래 위도 걸을 수 있지. 북극여우는 눈처럼 하얀색이야. 그런데 여름이 되면 털갈이를 해서 조금 어두워진단다. 왜냐하면 여름엔 눈이 녹아서 주변 환경이 변하거든. 둘 다 정말 영리하지 않니?

034 알을 낳는 포유류가 있다?

오리너구리는 마치 만화에 나오는 합체한 로봇처럼 생겼단다. 오리의 주둥이와 발바닥, 수달 같은 몸매, 독이 있는 발톱이 한 몸뚱이에 있는 게 정말 신기하지. 옛날 생물학자들은 오리너구리를 처음 보고 믿을 수 없었다고 해. 누가 오리의 주둥이를 일부러 붙인 게 아닌가 싶어 바늘 자국을 찾아볼 정도였지. 오리너구리는 사냥하는 모습도 신기해. 주둥이를 이용해 먹이를 찾는단다. 동물의 몸에서 아주 작은 전기가 발생하는 것을 알고 있니? 오리너구리는 주둥이로 전기를 느낄 수 있어서 흙탕물 속에서도 먹이를 찾지. 그리고 오리너구리는 소화

기관이 발달하지 않아서 쉽게 소화할 수 있는 먹이를 좋아해. 소화한 먹이는 구멍으로 나오는데, 이 구멍으로 새끼도 낳는단다. 하나의 구멍으로 배설물도 내보내고 알도 낳는 거지. 잠깐만, 새도 아닌데 알을 낳는다고? 맞아. 오리너구리는 포유류지만 새끼가 아니라 알을 낳는단다. 알에서 부화한 새끼는 어미의 젖을 먹고 자라. 그런데 오리너구리에게는 젖꼭지가 없어서 땀샘에서 나오는 젖을 먹는단다. 생물학자들이 왜 그렇게 당황했는지 이해가 되지?

99퍼센트가 모르는 동물 지식

 오리너구리는 배꼽도 없어.

035 코알라는 새끼에게 똥을 먹인다?

먹다 졸리면 자는 게 내 귀여운 몸매를 유지하는 비결이야.

　다이어트에 도전해 본 적 있니? 운동하기는 귀찮고 맛있는 음식은 많아서 정말 쉽지 않지. 종일 빈둥대며 먹기만 해도 몸매를 유지할 수 있다면 얼마나 좋을까? 놀라지 말렴. 그런 꿈만 같은 삶을 사는 친구가 정말 있단다. 뭉툭한 코와 복슬복슬한 털이 매력적인 코알라가 그 주인공이야. 코알라는 대단한 잠꾸러기에다가 먹보야. 하루에 약 20시간을 자고, 나머지 시간은 먹는 데 집중하지.

　어떻게 먹고 자기만 하는데 몸매를 유지하는 걸까? 그건 바로 유칼립투스 나무의 잎 덕분이야. 코알라는 유칼립투스 잎을 아주 좋아해서 이것만 먹는단다.

그런데 유칼립투스 잎은 양에 비해 열량이 매우 적어. 게다가 소화도 천천히 되어서 아무리 먹어도 살이 찌기 힘들지. 코알라가 늘어지게 자는 이유도 에너지를 아끼고 소화하기 위해서라고 해.

다른 동물들은 유칼립투스 잎을 거들떠 보지도 않아. 잎에 위험한 독이 들어 있거든. 코알라는 뱃속의 미생물이 독을 분해해서 안전하게 먹을 수 있단다. 하지만 태어나면서 저절로 미생물이 생기는 건 아냐. 새끼들은 어미의 똥을 먹어서 미생물을 전달받지. 만약 너라면 꾹 참고 똥을 먹고서 먹이 걱정 없이 살래, 아니면 똥을 먹지 않는 대신 직접 다른 먹이를 찾아다닐래?

99퍼센트가 모르는 동물 지식

🌿 코알라의 이름은 '물이 없다'라는 뜻이래. 코알라는 거의 물을 마시지 않거든. 나뭇잎으로도 충분히 수분을 섭취한단다.

036 자기 똥을 먹는 동물

토끼가 매일 먹는 게 뭘까? 당근? 정답은 '똥'이란다. 식물은 생각보다 소화하기 힘든 먹이야. 그래서 초식 동물들은 식물을 잘 소화하기 위해 장기가 매우 길

지. 하지만 토끼는 장이 짧아서 풀을 잘 소화하지 못해. 어쩔 수 없이 똥을 먹어서 다시 소화시켜야 하지. 혹시 이빨이 두 개뿐이라 잘 씹지 못해 소화가 안 되는 게 아니냐고? 사실 토끼의 이빨은 수십 개나 된단다. 앞니 두 개가 워낙 커서 다른 이빨들이 안 보이는 거야.

037 4억 마리가 모여서 사는 동물

인간의 건축 기술은 날마다 발전하고 있어. 세계 곳곳에는 갈수록 정교하고 복잡한 건물이 지어지고 있지. 과연 다른 동물들도 우리처럼 복잡한 집을 만들어 살 수 있을까? 어느 날, 미국 텍사스주에서는 어마어마한 규모의 땅굴이 발견됐어. 땅굴이 분포된 지역은 무려 우리나라 전체 면적보다도 넓었다고 해. 이 땅굴을 만든 주인공은 바로 '프레리도그'란다. 그 넓은 지역에는 무려 약 4억 마리의 프레리도그가 살고 있었어. 엄청난 규모답게 먹이를 저장하는 창고부터 새끼들을 키우는 방, 화장실, 대피소 등 필요한 시설들이 모두 있었지. 이처럼 커다란 땅굴에 모여 사는 동물들은 사회성이 뛰어나다는 사실을 알고 있니? 프레리도그는 자기들만의 언어를 사용할 정도라니, 말 다 했지.

99퍼센트가 모르는 동물 지식

🌱 프레리도그는 가족들끼리 이야기할 때, 앞니를 부딪치기도 한대. 이 모습은 마치 뽀뽀하는 것처럼 보인단다.

심장 박동 수에 얽힌 비밀

포유류가 가진 공통점이 어떤 것인지 아니? 책을 열심히 읽었다면 '새끼를 낳고 젖을 먹인다'라고 말할 거야. 그런데 아직 이야기하지 않은 공통점이 하나 더 있어. 바로 대부분의 포유류는 '평생 심장이 뛰는 횟수'가 비슷하다는 사실이지. 3년을 사는 쥐와 70년을 사는 코끼리도 심장 박동 횟수가 비슷해. 평생 20억 번 정도 뛰지. 하지만 인간은 조금 예외야. 인간은 생활환경이 좋아지면서 약 25억 번 정도 뛸 때까지 살 수 있단다.

작은 동물의 수명이 짧은 이유는 몸을 무리하게 사용하기 때문이야. 작은 동물은 덩치에 비해 많은 에너지가 필요해서, 항상 바쁘게 움직여야 하거든. 반대로 큰 동물은 덩치에 비해 적은 에너지로도 살 수 있어. 작은 동물보다 몸을 아껴 쓰기 때문에 더 오래 사는 거지.

만약 이 글을 읽고 '심장이 빨리 뛰면 수명이 줄어드니까 운동을 안 해야지!'라고 생각했다면 큰 오산이야. 우리가 운동할 때 심장 박동이 빨라져도, 그만큼 평소에 심장 박동이 느려지거든. 운동을 하면 심장의 힘이 세져서 적은 힘으로도 피를 움직일 수 있기 때문이야. 건강하게 오래 살고 싶다면 반드시 운동을 꾸준히 하렴!

2

하늘을
날 수 있어요

조류

좋아하는 사람에게 잘 보이려면 어떻게 해야 할까? 아마도 많은 방법이 있겠지만, 옷을 멋있게 입으면 더욱더 좋겠지? 이 생각은 동물이라고 다르지 않아. 많은 동물들이 화려한 생김새로 이성의 관심을 끌기 위해 노력하지. 그중 제일은 공작이 아닐까 싶어. 수컷 공작은 몸통 끝에 화려한 깃털을 달고 있는데, 암컷을 만나면 깃털을 들어 부채 모양으로 넓게 펼치지. 펼치는 것에 그치지 않고 열심히 흔들면서 주의를 끈단다. 암컷은 가장 화려한 수컷을 골라 짝을 맺지.

그런데 화려한 생김새가 과연 암컷의 시선만 끌까? 사실 수컷의 깃털은 암컷뿐 아니라 포식자의 눈에도 잘 띄어서 위험해. 생각해 보니 오히려 이러한 점이 매력적일 수도 있겠어. 포식자도 두렵지 않다는 자신감이 암컷의 마음을 움직인 거지. 목숨보다 사랑을 중요시하다니 정말 대단한 것 같아.

99퍼센트가 모르는 동물 지식

 암컷은 꼬리에 달린 깃털이 짧고 색도 밋밋해.

039 물 위에 살면서 물을 무서워하는 새

너는 수영을 할 줄 아니? 여기, 물 위에 살면서도 물을 무서워하는 친구가 있어. 이름은 군함새라고 해. 군함새는 바다 위를 날아다니며 먹이를 사냥하지. 먹이를 찾으면 매우 빠른 속도로 낙하해서 낚아챈단다. 무려 시속 수백 킬로미터의 속도로 낙하하기 때문에, 웬만한 먹이는 군함새로부터 도망가지 못한대. 그런데 군함새는 이렇게 빠른 속도를 이용해서, 다른 새의 먹이를 빼앗아 먹기도 해. 왜냐하면 군함새는 물에 빠지면 큰일이 나기 때문이야. 깃털이 방수되지 않아서 물에 잘 젖거든. 2미터나 되는 날개를 젖은 채로 움직이는 건 정말 힘들지.

군함새는 비록 헤엄은 못 치지만 비행 실력이 아주 대단해. 특히 오랫동안 멀리 나는 걸 잘하지. 군함새는 한 해에 지구를 두 바퀴나 돈단다. 비결은 공기의 흐름을 이용하는 거야. 햇빛을 받아 뜨거워진 공기는 위로 올라가. 이걸 상승 기류라고 해. 군함새는 이 기류를 타고 하늘 높이 올라간단다. 워낙 날개가 크고 몸도 가벼워서 상승 기류를 잘 이용할 수 있지. 높이 올라가고 나면 날개를 펼친 채로 가만히 있어. 그리고 마치 종이비행기처럼 가만히 날아가지. 날갯짓을 거의 하지 않아서 지치지 않고 오래 비행할 수 있다고 해. 심지어 날면서 잠도 잘 수 있어! 뇌가 반씩 번갈아 가며 비행에 집중하는 덕이지. 구름을 이불 삼아 잔다니, 정말 용기 있는 친구야.

040 기러기는 왜 V자 모양으로 날까?

한국 겨울 날씨가 더 따뜻해진 것 같아….

지구 온난화 때문인가 봐.

　겨울은 동물들에게 시련의 계절이야. 너무 추운 데다 먹이도 별로 없거든. 그래서 많은 동물은 따뜻한 봄이 올 때까지 겨울잠을 자. 새는 겨울을 어떻게 날까? 놀랍게도 새는 대부분 겨울잠을 자지 않아. 아예 따뜻한 곳으로 이사를 가 버린단다. 이렇게 철에 따라 서식지를 옮기는 새를 '철새'라고 해. 대표적인 철새로는 기러기가 있어. 기러기는 북쪽 지역에 살다가 매년 겨울이 되면 우리나라로 내려와. 워낙 추운 지역에 살아서 우리나라의 겨울이 따뜻한가 봐. 겨우내 우리나라에 머물다 봄이 되면 고향으로 돌아간단다. 기러기는 이렇게 매년 수천 킬로미터의 거리를 이동해. 차로 가기도 힘든 먼 거리지만 기러기는 문제없단다. 특별한 기술을 쓰는 덕분이지.

특별한 기술의 비밀은 바로 V자 모양으로 줄을 서서 나는 거야. 기러기가 날갯짓을 하면 날개 끝에서 공기가 올라가는 흐름이 생겨. 그래서 동료의 뒤에 붙어서 날면 많은 에너지를 아낄 수 있단다. 다만 맨 앞의 동료는 바람을 정면으로 맞기 때문에 힘이 들지. 이때, 맨 앞의 동료가 힘들어하면 다른 동료가 알아서 자리를 바꾸어 준대. 기러기는 우리에게 협동의 중요성을 몸소 보여줘. 혼자서는 빨리 갈 수 있겠지만, 함께 가면 멀리 갈 수 있다는 것을 말이지.

041 독수리가 대머리가 된 사연

독수리는 가장 강한 새를 꼽을 때 빠지지 않는 동물이야. '하늘의 제왕'이라고도 불리지. 우람한 덩치에 끝을 모르고 펼쳐지는 날개는 새라고 믿을 수 없을 만큼 엄청난 위압감을 줘. 힘도 좋아서 수천 미터 상공까지 날 수 있지. 독수리는 하늘 높이 올라가서 뛰어난 시력으로 먹잇감을 찾는단다. 주로 동물의 사체를 찾아서 먹지. 명색이 하늘의 제왕인데 너무 소박한 거 아니냐고? 독수리가 사체를 좋아하는 이유는 편해서가 아닐까 싶어. 사실 독수리는 몸집이 커서 몸짓이 둔해. 그래서 산 채로 도망 다니는 먹잇감을 잡기가 힘들거든.

어제 미용실 다녀왔어.

그래서 오늘따라 머리가 더 반짝거리는구나.

독수리의 이름이 무슨 뜻인지 아니? 바로 대머리라는 뜻이래. '대머리 독(禿)' 자를 써서 털이 없는 수리(새의 종류)를 나타낸 거야. 그런데 독수리는 왜 머리에 털이 없을까? 그건 바로 사체를 먹기 때문이야. 동물의 사체는 잘 썩기 때문에 안 좋은 세균들이 많거든. 만약 머리에 털이 수북하다면, 먹을 때 세균이 많이 묻겠지. 세균 감염을 피하려고 머리에 털이 없는 거란다. 게다가 털이 없으면 체온 조절도 쉬워. 하늘과 땅을 넘나드는 독수리는 큰 온도 차이를 버텨야 해. 하늘은 매우 춥고, 땅은 따뜻하거든. 털이 없으면 피부를 통해 열을 빠르게 흡수하고 배출할 수 있단다. 그동안 독수리의 휑한 머리가 볼품없게 느껴졌다면, 이제는 다시 봐 주길 바랄게. 독수리는 이런 모습을 갖춘 덕에 하늘의 제왕이 되었으니까 말이야.

어딘가에 세게 머리를 부딪혀 본 적 있니? 머리가 엄청 아프고 어지러웠지? 놀랍게도 딱따구리는 하루에 만 번 넘게 머리를 부딪쳐도 멀쩡하대. 딱따구리는 나무를 쪼아서 긴 혀로 나무 속의 벌레를 잡아먹거나 나무를 크게 쪼아서 둥지를 만들어. 초당 수십 번의 속도로 빠르게 나무를 쪼아서 구멍을 뚫지. 워낙 빨리 부딪히다 보니 받는 충격도 정말 엄청나. 만약 우리가 딱따구리와 같은 속도로 머리를 부딪친다면 크게 다치거나 죽을 수도 있단다.

그렇다면 딱따구리는 어떻게 다치지 않는 걸까? 그 비결은 바로 특수한 몸 구조 덕분이야. 딱따구리의 뼈와 근육들은 충격을 흡수하는 데 최적화되어있어. 심지어는 부리 길이도 위와 아래가 조금 다르대. 부리 길이가 같은 것보다 조금 다른 게 훨씬 충격을 줄일 수 있거든. 정말 신기하지?

043 무덤에서 태어나는 새

무덤새는 왜 이런 이름이 생겼을까? 무덤 근처에 살아서, 아니면 죽은 동료를 무덤에 묻어 주어서? 정답은 알을 낳아서 묻기 때문이야. 놀라지 말고 이야기를 끝까지 들어 주렴. 절대 무서운 이야기가 아니야. 오히려 참 안타까운 이야기란다. 이야기는 둥지를 짓는 것부터 시작해. 무덤새 부모는 새끼를 맞이하기 위해 미리 둥지를 지어. 짓는 과정이 정말 특이한데, 우선 커다란 구덩이를 파야 해. 어른 몇 명이 들어갈 정도로 매우 크게 말이지. 그리고 나뭇잎과 나뭇가지를 구덩이에 꽉꽉 채워 넣어. 다 채우고 나면 흙으로 덮지. 이제 가만히 기다리는 일만 남았어. 기다리다 보면 신기한 일이 일어난단다. 둥지 안이 점점 따뜻해지는 것이지. 누군가 안에서 불을 지피고 있는 걸까? 사실 따뜻해지는 이유는 바로 나뭇잎과 나뭇가지 덕분이야. 이것들이 썩으면서 열을 발생시키거든. 둥지가 적당히 따뜻해지면 무덤새는 둥지 꼭대기를 파서 알을 낳아. 이제 알을 묻는 이유를 알겠니? 알을 묻는 건 바로 둥지의 열로 알을 부화시키기 위해서란다.

　알을 낳은 암컷은 자리를 떠나. 수컷만 혼자 남아 알을 지키지. 무려 몇 달 동안 밤낮으로 둥지를 지킨단다. 이때, 수컷은 온도까지 꼼꼼하게 조절한다고 해. 너무 더우면 시원한 흙을 뿌리고, 추우면 흙을 덜어서 따뜻한 햇볕을 받게 하지. 이렇게 약 세 달이 지나면 기다리고 기다리던 새끼가 둥지를 뚫고 나와. 그런데 여기서 너무 안타까운 일이 일어나. 갓 태어난 새끼는 신이 나서 수컷에게 다가가지만, 수컷은 새끼를 알아보지 못한단다. 심지어는 적인 줄 알고 공격하려 들지. 결국 새끼는 수컷을 피해 도망간다고 해. 다행히도 새끼는 매우 똑똑해서 혼자서도 잘 살아가. 무려 하루 만에 나는 법을 깨우칠 정도지. 그렇지만 부모님께 감사하다, 사랑한다는 말 한마디를 못 하는 게 너무 안타까워. 이 책을 읽는 친구들은 지금 부모님께 사랑한다고 말해 보는 게 어떨까?

고백은 이렇게 하는 거야!

흠… 이 집은 전망이 별로네.

그쪽말고 내가 만든 정원을 봐 줘!

　좋아하는 친구에게 고백해본 적 있니? 혹시 나중에 고백할 계획이 있다면 정원사새의 고백 방법을 참고해 봐. 정원사새는 특이하게 고백하기로 유명한 친구야. 새들은 대개 크고 아름다운 목소리로 노래를 불러 암컷을 유혹해. 그런데 이 친구는 노래는 물론이고 특별한 선물까지 만든단다. 나뭇가지로 작은 건물을 만들고, 그 안을 온갖 잡동사니로 예쁘게 꾸며. 이 모습이 마치 정원 같아서 정원사새라고 불리게 되었지. 예쁘장해 보이는 건 뭐든 가져오기 때문에 곤충 껍데기, 돌, 열매 등 수많은 잡동사니가 모여 있어. 원하는 색깔을 정해서 꾸미기도 한대.

　몇 달 동안 최선을 다해 꾸미고 나면 이제 암컷을 기다려. 암컷은 수컷들이 만든 선물을 차례차례 둘러보지. 그리고 가장 예쁜 선물을 만든 수컷과 짝을 맺는단다. 그런데 여기서 엄청난 반전이 있어. 고백에 성공한 수컷은 기쁨도 잠시, 암컷을 두고 어디론가 떠나 버려. 이후 암컷은 혼자 둥지를 짓고 새끼를 낳아 키우지. 새는 대부분 암수가 함께 새끼를 키우는데, 정원사새의 경우는 정말 의외야. '첫사랑은 이루어지지 않는다'는 말이 여기서 나온 걸까 싶기도 해.

045　밥 먹듯이 기절하는 새가 있다?

　벌새는 이름처럼 벌과 닮은 점이 많은 친구야. 우선, 꿀을 매우 좋아해. 그리고 몸집도 벌처럼 작아서 거의 손가락만 하지. 벌새의 특기는 뛰어난 비행 실력이야. 작은 몸집으로 최대 시속 100킬로미터의 속도를 낸단다. 몸집이 작아도 날갯짓이 매우 빨라서 빨리 날 수 있어. 1초 동안 무려 수십 번이나 움직인대. 제자리에서 가만히 떠 있는 등의 세밀한 조종도 가능해. 꿀을 먹을 때도 꽃에 앉지 않고 혀만 내밀어서 빨아 먹지.

꿀 다 먹었니?
나도 좀 먹을게.

앉아서
천천히 먹어.

벌새는 의외로 먹보야. 매일 자신의 몸무게만큼이나 먹지. 대신 그만큼 에너지를 많이 써서 살이 찌지 않아. 오히려 살이 너무 빠질까 봐 걱정이란다. 벌새는 가만히 숨만 쉬어도 많은 에너지를 쓰거든. 그래서 벌새는 쉬는 것도 평범하지 않아. 기절하듯이 쓰러지지. 쉴 때는 몸속의 장기들이 일하는 속도가 매우 느려져. 심장 박동이 느려지고 체온도 낮아진단다. 마치 우리가 전자 기기를 절전 모드로 해 놓듯이 말이지. 쉬는 동안 포식자가 나타나면 도망치기도 힘들다고 해. 하지만 벌새는 언제 나타날지 모르는 포식자보다 당장 느껴지는 허기가 더 무섭나 봐. 나라면 포식자가 무서워서 도통 잠이 오지 않을 텐데 말이야.

046 길 찾기의 고수, 비둘기

이번에 소개할 친구는 공원에서 흔히 볼 수 있는 동물이야. 맞아, 바로 비둘기란다. 고개를 흔들며 느긋하게 공원을 거니는 모습이 아주 평화로워 보이지. 그런데 그거 아니? 이 비둘기들이 왕년에는 전장을 누비는 용감한 탐험가였단다. 먹이를 줘도 뒤뚱뒤뚱 걸어와 받아먹는 비둘기가 총알이 빗발치는 전쟁터를 누볐다는 게 믿기지 않지? 아, 물론 비둘기가 총을 들고 싸운 건 아니야. 총 대신 중요한 편지를 전달해 주었지. 비둘기는 길을 매우 잘 찾거든. 원래 있던 장소로 돌아가는 회귀 본능이 대단하지.

비둘기를 이용한 통신 방법은 고대 이집트에서부터 시작되었어. 더욱더 놀라운 사실은 통신 기술이 발달한 지금도 인간은 비둘기의 능력을 빌리고 있다는 거야. 비둘기는 장애물이 있어도 뛰어넘고, 해킹당할 위험도 없기 때문이란다. 비둘기는 어쩜 그리도 길을 잘 찾는 걸까? 사실 이 능력의 비밀은 아직 정확히 밝혀지지 않았어. 가장 믿을 만한 주장은 비둘기가 자기력을 느낄 수 있어서 길을 잘 찾는다는 거야. 자기력은 자석이 물체를 끌어당기는 힘을 말해. 지구는 지구 내부의 물질로 인해 표면에 커다란 자기력이 발생한단다. 자기력이 미치는 범위를 자기장이라고 하지. 자기장은 북쪽과 남쪽을 기준으로 일정한 모양으로 형성되어 있어. 나침반이 정확히 북쪽을 가리키는 것도 이 때문이야. 비둘기도 나침반처럼 자기장을 파악하여 정확한 방향을 찾는 거래.

넓은 시야와 뛰어난 후각도 길을 찾는 데 한몫해. 특히 비둘기는 눈으로 본 것을 파악하는 속도가 굉장히 빨라서 세상이 아주 천천히 움직이는 것처럼 보여. 그래서 사람이 다가가도 가만히 있다가 닿기 직전에 날아가는 거란다. 전쟁터에서 다져진 배짱이 있어서 버티는 게 아니라는 사실!

99퍼센트가 모르는 동물 지식

 비둘기의 새끼는 병아리처럼 샛노란 색이야.

047 뻐꾸기는 다른 새의 둥지에서 자란다?

밥!

밥 줘!

여보, 우리가
애를 너무 많이
먹였나 봐.

동물들은 매우 다양한 방법으로 살아가고 있어. 그중에서도 가장 효율적인 생존법은 '기생'이 아닐까 싶어. 기생이란 한 동물이 다른 동물의 이익을 빼앗으며 사는 것을 말해. 이때, 이익을 빼앗기는 동물을 '숙주'라고 한단다. 기생하는 동물로는 기생충이 유명하지. 그런데 새 중에도 기생하는 동물이 있어. 바로 '뻐꾹 뻐꾹'하는 울음소리로 익숙한 뻐꾸기란다. 뻐꾸기는 다른 새의 둥지에 몰래 알을 낳고 도망가. 숙주인 새가 눈치채지 못하게, 원래 있던 알을 떨어뜨려 개수를 맞추지. 뻐꾸기 알은 숙주의 알과 비슷해서 얼핏 보면 몰라. 뻐꾸기는 이후 한동안 둥지 주위를 맴돌며 큰 소리로 울어. 숙주가 알을 눈치채지 못하게 무서운 새의 소리를 흉내 내어 주의를 돌리지.

이러한 어미의 노력을 아는 건지, 얼마 지나지 않아 새끼가 부화해. 뻐꾸기 새끼는 뱃속에서 어느 정도 자란 다음 태어나기 때문에, 동시에 알을 낳아도 숙주의 새끼보다 먼저 부화하지. 뻐꾸기 새끼가 태어나서 가장 먼저 하는 일이 뭘까? 놀라지 마. 어미가 했던 짓을 똑같이 따라 한단다! 다른 알들을 밀어 떨어뜨려 버리지. 이러면 숙주 새가 눈치채지 않냐고? 아니야, 숙주 새는 오히려 울음소리가 우렁찬 뻐꾸기 새끼에게 더 많은 먹이를 물어다 준단다. 그렇게 숙주의 도움으로 다 크고 난 뒤 둥지를 떠나지. 이야기는 아직 끝나지 않았어. 뻐꾸기는 새끼를 임신하면 돌아와서 똑같은 짓을 반복한단다. 제아무리 냉정한 동물의 세계지만, 너무 얄밉지 않니?

048 성대모사의 달인, 앵무새

사람의 목소리를 흉내 내는 동물을 알고 있니? 만약 평소 동물에 관심이 있는 친구라면 바로 성대모사의 달인, 앵무새를 떠올렸을 거야. 앵무새는 사람 목소

리뿐 아니라 매우 다양한 소리를 따라 할 줄 알아. 소리를 내는 발성 기관이 사람과 비슷한 덕분이지. 머리도 좋아서 훈련만 잘하면 상황에 맞게 다양한 소리를 낼 수도 있단다. 앵무새를 키우는 사람은 항상 말을 조심해서 해야 할 거야. 언젠가 손님이 왔을 때 망신을 당할 수도 있거든.

049 오리가 쉽게 물에 뜨는 비결

'부력'의 원리를 체험 중이시군요.

꽉 꽉

강 위에서 오리 떼가 유유히 떠다니는 걸 본 적 있니? 생각해 보면 정말 신기해. 오리는 물고기도 아닌데 어떻게 떠 있는 걸까? 그건 바로 몸의 밀도가 낮기 때문이야. 밀도는 일정한 부피 안에 들어있는 물질의 양을 말해. 물이 꽉 찬 컵은 빈 컵보다 밀도가 높지. 밀도가 높을수록 더 많은 물질이 들어 있어서 무겁고, 밀도가 낮을수록 가벼워. 물은 자신보다 밀도가 낮은 물체를 위로 밀어내는

101

성질이 있어. 이걸 부력이라고 하지. 배가 뜨려면 '배'가 '배만 한 부피의 물'보다 가벼워야(밀도가 적어야) 한단다. 배는 안쪽이 많이 비어서 밀도가 적기 때문에 물에 뜰 수 있어. 오리도 마찬가지야. 다른 새들처럼 몸이 가벼워서 쉽게 뜨지. 깃털 사이사이에 있는 공기는 오리가 물에 더 잘 뜰 수 있게 도와줘.

그렇다면 오리의 깃털이 항상 뽀송뽀송한 이유는 뭘까? 아무리 헤엄쳐도 깃털이 젖지 않는 건 기름 덕분이야. 오리는 꼬리 끝에서 기름이 나와. 이걸 부리로 찍어서 온몸에 펴 바르지. 기름은 물과 섞이지 않는 성질이 있어서, 기름이 묻은 깃털은 물을 밀어낸단다. 손에 기름이 묻으면 물로 잘 씻어지지 않는 원리와 같아. 오리는 항상 가만히 떠 있어서 게을러 보이지만, 꾸준히 털을 관리하는 부지런한 친구란다.

050 밤의 제왕, 올빼미

곤충들은 대부분 깜깜한 밤에 돌아다녀. 낮에는 새와 같은 포식자들이 많아서 위험하거든. 그런데 사실 밤도 안전하지 않아. 바로 올빼미 때문이지. 올빼미는 밤 사냥을 매우 잘해. 오죽하면 '밤의 제왕'이라는 별명이 붙을 정도니까 말이야. 올빼미는 어두운 곳에서 물체를 보는 능력이 뛰어나. 색은 잘 구별하지 못해도 빛을 잘 감지하지. 달빛만으로도 충분히 많은 것을 본단다. 한 가지 단

점은 시야가 좁다는 거야. 다른 새들은 눈이 양옆에 달려서 시야가 넓어. 하지만 올빼미는 얼굴이 납작하고 눈이 정면을 바라봐서 시야가 좁지. 대신 목을 자유롭게 돌려서 물체를 본단다. 목뼈가 열네 개나 돼서 거의 한 바퀴에 가깝게 고개를 돌릴 수 있어. 게다가 올빼미는 청력도 좋아. 오목하게 들어간 얼굴이 마치 안테나처럼 소리를 모아 주거든. 먹잇감을 발견한 올빼미는 본격적으로 사냥을 시작해. 먹잇감에 들키지 않게 조용히 날아가서 순식간에 덮치지. 올빼미는 깃털 구조가 특이해서, 날 때 소리가 거의 나지 않아. 또한 날개가 커서 날갯짓을 조금만 해도 멀리 날아갈 수 있단다.

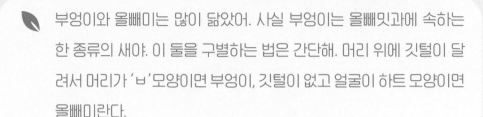

부엉이와 올빼미는 많이 닮았어. 사실 부엉이는 올빼밋과에 속하는 한 종류의 새야. 이 둘을 구별하는 법은 간단해. 머리 위에 깃털이 달려서 머리가 'ㅂ'모양이면 부엉이, 깃털이 없고 얼굴이 하트 모양이면 올빼미란다.

051 타조가 날지 못하는 이유

세상에서 가장 큰 새가 누군지 맞춰 보렴. 갈매기? 독수리? 아쉽지만 정답은 바로 타조야. 지금 약간 어안이 벙벙한 친구들이 있을 거야. 타조는 날지도 못하는데 새라니… 조금 이상하긴 하지. '새'라고 말할 수 있으려면 일정한 조건이 있어. 척추가 있고, 체온이 일정하며 알을 낳아야 하지. 타조는 이 조건을 모두 충족해서 새라고 말할 수 있단다. 그런데 타조는 왜 날지 못할까? 그건 바로 날개가 퇴화했기 때문이야. 한눈에 봐도 몸집에 비해 매우 작은 날개를 가지고 있지. 게다가 몸도 무거워서 날기가 힘들어. 하지만 타조에게는 이 단점을 능가하는 엄청난 장점들이 있어. 긴 다리를 가진 덕분에 시속 70킬로미터로 달릴 수 있지. 눈도 테니스공만큼 커서 20킬로미터 앞까지 볼 수 있단다. 사람으로 치면 시력이 25나 마찬가지래.

우리 달리기 경주하자!

타조는 키 큰 나무가 즐비한 숲보다는 작은 풀이 자라는 곳을 좋아해. 작은 풀이 있는 곳에선 포식자가 오는 걸 빨리 눈치챌 수 있거든. 타조는 어떤 먹이를 좋아할까? 덩치가 큰 만큼 커다란 동물을 사냥할까? 무언가 특이할 것 같지만, 타조도 다른 새들처럼 식물이나 곤충을 좋아해. 덩치만 클 뿐, 영락없는 새란다.

99퍼센트가 모르는 동물 지식

 타조의 수명은 평균 약 50년이라고 해. 이보다 더 오래 사는 타조도 많단다.

052 펭귄은 사실 다리가 길다?

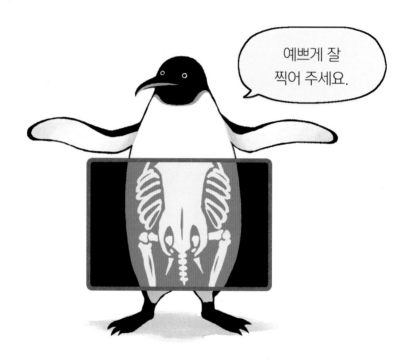

예쁘게 잘 찍어 주세요.

펭귄이 걷는 것을 본 적 있니? 얼음 위에서 뒤뚱뒤뚱 걷는 모습이 정말 귀여워. 다리가 짧아서 그렇게 걷는 게 아닐까 생각하지 쉽지. 그런데 있잖아, 사실 펭귄은 다리가 꽤 길어. 살에 묻혀서 짧아 보이는 거란다. 게다가 무릎을 구부린 채로 돌아다니기 때문에 더 짧아 보이지. 무릎을 구부려서 빨리 걸을 수도 없지만, 펭귄은 슬퍼하지 않아. 물에서는 매우 빠르거든. 펭귄은 기름샘에서 나오는 기름을 온몸에 바르기 때문에 헤엄을 쳐도 잘 젖지 않아. 마치 오리처럼 말이야!

그런데 궁금한 게 있어. 펭귄은 온종일 얼음을 밟는데도 왜 발이 얼지 않을까? 비결은 바로 발바닥을 차갑게 하는 거래. 잠깐만, 얼지 않으려면 발바닥을 따뜻하게 해야 하는 게 아니냐고? 펭귄의 비밀을 알기 위해서는 열의 원리를 알아야 해. 열은 온도 차이가 생기면 똑같아지려는 성질이 있어. 찬물과 따뜻한 물을 섞으면 미지근한 물이 되는 것처럼 말이야. 온도 차이가 안 나면 어떨까? 온도 차이가 안 날 때, 즉 온도가 같으면 열이 이동하지 않아. 찬물에 손을 담그면 느낌이 어때? 매우 차갑지. 미지근한 물에 담그면 어떠니? 아마 차갑지도 뜨겁지도 않고 적당할 거야. 찬물이 차갑게 느껴지는 이유는 열의 균형을 맞추기 위해 손의 열이 찬물로 이동하기 때문이야. 반면 미지근한 물은 손이랑 온도가 같아서 열이 이동하지 않지.

만약 펭귄의 발이 따뜻했다면 많은 열을 빼앗겨서 얼어 죽었을 거야. 발을 차갑게 한 덕분에 몸의 열을 지킬 수 있지. 펭귄은 혈관 구조가 특이해서 몸은 따뜻하고 발만 차갑게 할 수 있어. 심장에서 나온 따뜻한 피는 발바닥으로 내려가기 전에 위로 올라가는 피를 만나 열을 전달해. 그래서 발바닥에는 얼지 않을 만큼의 차가운 피가 흐르지. 발바닥을 모두 돈 피는 올라가면서 발바닥으로 내려가는 피의 열을 다시 빼앗아 간단다. '피'라는 육상 선수가 발을 기준으로 '열'이라는 바통을 주고받으며 이어달리기를 하는 셈이지. 물론 이렇게 한다고 해도 남극은 너무 춥단다. 그래서 펭귄들은 옹기종기 모여 서로의 체온으로 추위를 이겨 내. 안쪽에서 몸을 데운 펭귄들은 추운 바깥쪽의 펭귄과 자리를 바꾸지. 뒤뚱뒤뚱 어설프게만 보이던 펭귄이 사실 엄청난 생존의 고수였다니 신기하지?

분홍빛 깃털에 얽힌 비밀

평범한 건 싫어요!
난 커서
파란 홍학이
될 거예요!

그럼
청학이라고
불러야겠구나.

　홍학의 분홍빛 깃털과 기다란 다리는 이루 말할 수 없이 아름다워. 어렸을 때는 과연 어떤 모습이었을까? 분홍빛의 새끼 홍학은 엄청 귀엽지 않을까? 놀랍게도 어린 홍학의 몸은 회색 혹은 흰색이래. 자라면서 점점 분홍빛으로 바뀌는 거지. 물론 그냥 성장한다고 색이 바뀌지는 않아. 특정한 먹이를 꾸준히 먹어야 한단다. 홍학이 좋아하는 먹잇감에는 분홍빛 색소가 들어있어. 이 색소가 몸 안에 쌓이면서 깃털이 분홍색으로 자라나지. 다른 먹이를 먹으면 분홍빛이 사라지고 원래 몸 색깔로 돌아온단다. 만약 먹는 음식에 따라서 피부색이 바뀐다면, 넌 어떤 음식을 먹어 보고 싶니?

사투리를 쓰는 새가 있다?

"휘리릭 뽕~"
내가 만든
노랫소리 어뗘?
도시 새 같어?

끝부분을
삐용삐용이라고
하면 더 잼겄다.

우리나라 사람들은 모두 한국말을 써. 그런데 왜 지역마다 말투가 조금씩 다를까? 가장 큰 이유는 한 지역에서 다른 지역까지 가는 것이 어려웠기 때문이야. 옛날엔 지금처럼 교통이 발달하지 않았어. 그래서 먼 곳에 사는 사람들과 말할 기회가 드물었지. 주로 같은 지역의 사람들끼리 말하다 보니, 지역마다 고유의 말투가 생기고 굳어졌단다. 이걸 사투리라고 하지.

그런데, 사투리는 사람만 쓰는 게 아니야. 휘파람새라는 친구도 다양한 사투리를 쓴단다. 사는 곳마다 울음소리가 조금씩 달라. 휘파람새는 혼자 살거나 가족들끼리만 살아. 게다가 이사도 자주 가서 다른 새들을 충분히 만날 시간이 없지. 그래서 자신만의 특이한 울음소리가 그대로 굳어져 버린다고 해. 제주도처럼 따뜻하고 살기 좋은 곳에 사는 휘파람새는 사투리가 덜하대. 살기 좋은 만큼 새들이 많이 살기 때문에 서로 만날 일도 많거든. 사투리라고 하니까 왠지 투박할 것 같지만 휘파람새의 울음소리는 매우 여리고 아름다워. 우리나라에서는 거의 모든 산에 산다고 하니 직접 들어 보면 좋을 것 같아.

알아두면 쓸데 있는 동물 이야기 3

동물의 생존을 돕는 일상 속 열 가지 방법

① 가까운 거리는 걷거나 자전거 타기

② 물은 되도록 받아서 쓰고, 수도꼭지 잘 잠그기

③ 상태가 좋은 물건은 버리지 말고 기부하거나 교환하기

④ 재활용품은 깨끗이 씻은 다음 분리수거 꼼꼼히 하기

⑤ 에어컨은 1도만 높게, 히터는 1도만 낮게 설정하기

⑥ 음식은 적당히 만들어서 먹을 만큼 덜어 먹기

⑦ 일회용품은 되도록 사용하지 않기

⑧ 에너지 효율이 높은 제품을 쓰고, 사용하지 않는 전기는 끄기

⑨ 단순하게 포장된 제품을 구매하기

⑩ 사용하지 않는 약은 약국이나 보건소에 부탁하여 버리기

3

물을 정말
좋아해요

어류

055

자식을 위해 목숨을 바치는 물고기

아빠, 사랑해요. 우릴 떠나지 마세요.

아빠는 너희가 태어날 때까지 너희를 지키면서 쭉 함께 있을 거야.

자기 자식을 사랑하는 마음은 모든 동물이 똑같은 것 같아. 지금 소개할 가시 고기는 새끼를 매우 정성껏 키우기로 유명한 친구야. 특히 수컷의 부성애가 정 말 대단하단다. 가시고기 수컷은 새끼가 태어나기도 전에 새끼가 나고 자랄 둥 지를 만들어. 먼저 바닥을 고르게 다진 뒤에 푹신하게 풀을 깔지. 둥지를 만들 고 나면 암컷과 짝짓기를 해. 그리고 얼마 후 기다리고 기다리던 알이 태어나. 하지만 기쁨도 잠시, 암컷은 알을 낳느라 지쳐서 죽고 만단다.

홀로 남은 수컷은 포기하지 않고 최선을 다해 알을 키워. 종일 새끼들을 지키는 데에만 집중하지. 새끼가 알 속에서 숨을 잘 쉴 수 있게 물살도 일으켜 줘. 새끼는 알껍데기의 미세한 구멍을 통해 숨을 쉬거든. 우리가 신선한 공기를 마시려고 환기하는 것처럼 신선한 산소를 주기 위해 물살을 일으킨단다. 마침내 알이 부화하면 수컷은 새끼들과 작별할 준비를 해. 출산에 지쳐 죽었던 가시고기 암컷처럼, 육아에 너무 많이 지쳤거든. 수컷은 새끼들을 며칠 더 돌보다가 둥지 근처에서 조용히 죽음을 맞이한대. 새끼들에게 먹이가 되어 주기 위함이지. 자식을 위해서는 그 어떤 것도 아깝지 않은 게 부모님의 마음인가 봐.

056 바닷속의 의사 선생님

우리는 아프면 병원에 가서 치료를 받을 수 있어. 그런데 물고기들은 아프면 어떻게 할까? 물고기들도 아프면 의사 선생님께 찾아간대. 바닷속에는 '개복치'라는 훌륭한 의사 선생님이 있거든. 개복치는 덩치가 매우 큰 물고기야. 키가 3미터나 되고, 몸무게는 2톤이나 나가지. 덩치가 큰 만큼 피부도 매우 두껍고 거칠어. 바로 이 피부가 많은 물고기를 치료해 준단다. 몸에 기생충이 붙어서 고생하는 친구들은 개복치에게 다가와 피부를 문질러. 개복치의 피부가 워낙 거칠어서, 여러 번 문지르면 기생충이 떨어져 나가지. 피부에서 나오는 특수한 물질이 기생충에게 물린 상처도 치료해 준단다.

개복치는 진료비도 받지 않고 이 모든 것을 공짜로 해 준대. 힘든 삶을 살아
온 만큼 다른 친구들에게는 좋은 경험을 선물해 주고 싶나 봐. 개복치는 너무도
험한 어린 시절을 보냈거든. 개복치는 어렸을 때 3억 마리의 형제자매들과 같
이 태어났어. 새끼 때는 마치 별사탕처럼 생겨서 크기도 2~3밀리미터밖에 되
지 않아. 너무 작아서 대부분 다른 동물들에게 잡아먹히고, 아주 적은 수만 살
아남지. 3억 마리 중에 어른으로 자라는 건 단 몇 마리뿐이래. 다행히도 어른이
되고 나면 이제 고생은 끝이란다. 몸짓이 매우 느리지만, 큰 덩치 덕분에 웬만
한 물고기들은 덤비지 않지.

어른이 된 개복치는 먹고 싶은 것도 마음껏 먹어. 딱딱한 이빨로 조개도 씹어
먹고, 독이 있는 해파리도 먹어. 피부가 두꺼워서 해파리의 독에도 멀쩡하거든.

날씨가 좋은 날에는 물 위에 둥둥 떠서 일광욕을 즐기기도 해. 그렇게 개복치는 약 20년간 여유롭게 삶을 즐기다가 다시 자연으로 돌아간단다.

99퍼센트가 모르는 동물 지식

개복치에서 '개'는 누군가를 비하할 때 쓰는 말이고, '복치'는 복어를 뜻해. 한마디로 '못생긴 복어'라는 뜻이래. 개복치의 생김새가 특이해서 그렇게 불렸나 봐. 반면 외국 과학자들은 개복치에게 'mola mola(몰라몰라)'라는 재미있는 이름을 붙여 주었어.

057 500년이나 사는 물고기가 있다?

등뼈가 있는 척추동물 중에서 가장 오래 사는 동물이 누굴까? 인간? 아니면 거북이? 정답은 그린란드 상어야. 그린란드 상어는 북극의 그린란드 주변에 살아. 이 친구는 최대 약 500년까지 살 수 있대. 신진대사가 느린 것이 그린란드 상어의 장수 비결이야. 신진대사란 우리 몸이 사는 데 필요한 에너지를 만드는 과정을 말해. 그린란드 상어는 매우 천천히 움직이기 때문에 에너지를 많이 만들 필요가 없지. 이처럼 에너지를 조금씩 만들면서 몸을 아껴 쓰기 때문에 오래

사는 거래. 또, 추운 바닷속에서 사는 것도 오래 사는데 도움이 된대. 동물의 몸에는 노화를 조금 늦춰 주는 유전자가 있는데, 낮은 온도에서 잘 활동하거든.

하지만 그린란드 상어를 너무 부러워하지 않아도 돼. 오래 사는 것만큼 불편한 점도 많단다. 조금 전에 이야기했다시피, 그린란드는 상어는 신진대사가 느리다 보니 키도 천천히 커. 1년에 1센티미터씩 자랄 만큼 성장이 느리지. 그래서 어른이 되어 짝짓기할 정도가 되려면 150년이나 걸린단다. 또 다른 단점은 기생충 때문에 앞을 보지 못한다는 거야. 어렸을 땐 시력이 멀쩡하지만, 크면서 기생충이 붙어 버리는 바람에 시력을 점점 잃는단다. 기생충은 그린란드 상어의 눈을 먹고 살거든. 시력을 잃은 그린란드 상어는 어쩔 수 없이 다른 감각으로 먹이를 찾아. 바닷속 깊이 가라앉은 사체를 주로 먹지. 아무쪼록 앞을 보지 못한 채로 수백 년을 산다니 정말 답답할 것 같아.

116

058

하늘을 나는 물고기의 비밀

동물들의 세계는 냉정해. 약한 동물은 강한 동물에게 잡아먹히지. 식물은 초식 동물에게, 초식 동물은 더 강한 육식 동물에게 잡아먹힌단다. 이렇게 먹고 먹히는 관계는 사슬처럼 쭉 이어져서 '먹이 사슬'이라고 불러. 먹이 사슬에 속한 동물들은 항상 자신보다 강한 동물을 피해 도망 다니기 바쁘지. 땅 위에 살면 달리거나 날아서 도망치고, 물속에 살면 헤엄을 쳐서 도망가지. 그런데 바닷

속에 사는 친구 중에도 날아서 도망치는 친구가 있어. 날아다닌다고 해서 '날치'라고 불리는 물고기야.

날치는 새처럼 날지는 못해. 대신 긴 지느러미를 펼쳐 오래 떠 있을 수 있지. 날치의 비행 방법은 상당히 특이해. 위협을 느낀 날치는 우선 전속력으로 헤엄을 쳐. 충분히 속도가 붙으면 몸을 들어 수면 위로 향하지. 그리고 바닷속을 벗어나면서 꼬리로 수면을 내리친단다. 빠른 속도와 꼬리를 튕기는 힘이 합쳐져 높게 튀어 오르지. 높이 떠오른 날치는 가슴지느러미를 활짝 펼쳐 비행을 시작해. 날면서 꼬리지느러미를 이용해 방향도 조절하지. 물고기가 날아 봤자 얼마나 날까 싶지만 무려 수백 미터나 날아간단다. 떨어질 때쯤 꼬리로 수면을 튕기면 더 멀리 날 수 있대. 비행이 완전히 끝나면 가슴지느러미를 접은 채로 물속에 들어가. 몸을 일자로 만들어야 공기와 물의 저항을 덜 받고 빨리 들어갈 수 있거든.

다른 물고기들도 날치를 따라 하면 똑같이 날 수 있을까? 그건 아마도 불가능할 거야. 다른 물고기들은 몸이 너무 무겁거든. 날치는 다른 물고기보다 뼈가 가볍고 내장도 작아서 날 수 있단다. 하지만 내장이 작아서 플랑크톤처럼 작은 먹이만 먹을 수 있어. 커다란 가슴지느러미도 헤엄을 치기에는 많이 불편하다고 해. 하지만 날치는 이 모든 불편함을 감수할 만큼 나는 게 좋은가 봐. 하늘과 바다를 넘나드는 물고기라니 정말 멋있지 않니?

059

치타의 라이벌, 돛새치

저와 치타의
달리기 시합이요?

장거리라면
제 승리가
확실합니다.

세상에서 가장 빠른 물고기는 누구일까? 상어? 아니면 날치? 정답은 바로 돛새치야. 배의 돛처럼 생긴 지느러미가 달려서 '돛새치'라고 부르지. 돛새치는 몸길이 2.5미터, 몸무게 60킬로그램의 커다란 몸집을 자랑해. 몸집은 크지만 몸매가 날씬해서 헤엄칠 때 물살의 저항을 덜 받지. 큰 덩치에서 나오는 폭발적인 추진력과 날씬한 몸매 덕분에, 시속 110킬로미터로 헤엄칠 수 있단다. 빠르기로 소문난 치타와 비슷한 속도야.

돛새치는 과연 먹잇감을 어떻게 사냥할까? 먹이를 빠르게 쫓아가 삼켜 버리려나? 그럴 수도 있지만, 돛새치는 더 기발한 방법을 써. 길고 뾰족한 주둥이로 먹이를 마구 베어서 사냥하지. 찌르지 않고 베어서 말이야. 물고기 떼를 찾으면 안에 들어가서 주둥이를 이리저리 휘두른단다. 자신보다 훨씬 작은 물고기도 놓치지 않고 잡아먹지. 무엇보다 지구력이 좋아서 지치지 않고 끝까지 먹이를 쫓아가. 아마도 치타는 돛새치가 엄청 부러울 거야. 치타는 아무리 빨라도 금방 지쳐서 다 잡은 먹이를 놓치기도 하거든.

060 세 번이나 성별을 바꾸는 동물

혹시 다른 성별로 살아 보고 싶었던 적이 있니? 동물이 성별을 바꾸는 것은 과연 불가능한 일일까? 지금 소개할 리본장어라는 친구는 살면서 무려 세 번이나 성별을 바꾼다고 해. 리본장어는 남자의 성질을 담당하는 기관(정소)과 여자의 성질을 담당하는 기관(난소)을 모두 가지고 있어. 이렇게 암수의 성질을 모두 가지고 있는 것을 자웅동체라고 하지. 정소를 발달시키면 남자가 되고, 난소를 발달시키면 여자가 된단다.

어제까지는 여자였는데,
오늘부터는 남자야!

리본장어는 처음에 수컷으로 태어났다가 잠깐 암컷으로 바뀌어. 그리고 어른
이 되면 다시 수컷으로 바뀌지. 이제 끝났냐고? 아니야, 아직인 걸. 리본장어는
한 번 더 성별을 바꿔서 죽을 때까지 암컷으로 산단다. 게다가 리본장어는 성별
뿐만 아니라 몸 색깔도 바꾼대. 태어날 땐 검은색이었다가 이후로 파란색, 노란
색 순서대로 변한단다. 신기하지? 만약 성별을 선택할 수 있다면, 넌 어떤 성별
로 살아 보고 싶니?

숨 참기의 달인, 붕어

겨울이 아무리 길어도
꿋꿋이 버티다 보면
반드시 봄이 온단다.

　겨울철에 얼음낚시를 해본 적 있니? 두꺼운 얼음 아래 물고기들이 헤엄치는 걸 보면 정말 신기해. 추운 것도 있지만, 숨을 어떻게 쉬는 걸까 싶어. 원래 물고기들은 물속에 녹아 있는 산소를 이용해서 호흡해. 그런데 얼음으로 꽉 막혀 있으면, 금세 산소가 바닥나고 말거든. 물속에 산소가 있는 이유는 공기 중의 산소가 녹아들거나, 물속의 식물들이 일하는 덕분이야. 식물은 '광합성'이라는 과정을 통해 필요한 양분을 얻어. 먹이를 직접 만들어 먹지. 햇빛의 에너지를 이용해 물과 이산화탄소를 산소와 포도당으로 바꾼단다. 여기서 포도당은 식물이 사용하고, 산소는 밖으로 배출해. 덕분에 많은 생물들이 숨을 쉴 수 있지.

그런데 연못 표면이 얼어서 두꺼운 얼음이 생기면, 이 모든 게 불가능해져. 우선 얼음 때문에 공기가 차단되어 산소가 녹아들 수 없어. 그리고 햇빛도 잘 들어오지 않아서 식물이 광합성을 하기 어려워지지. 그렇다면 붕어는 어떻게 겨울에도 살아있는 걸까? 붕어는 자신의 간에 저장된 에너지를 분해해서 산소를 얻는대. 몸 안에 미리 산소를 저장해둔 거지. 그래서 간의 에너지가 모두 바닥나면 죽게 된단다. 하지만 걱정하지마. 붕어는 이 상태로 약 다섯 달이나 버틸 수 있대. 그 정도면 따뜻한 봄이 올 때까지 충분히 기다릴 수 있지. 인간으로 치면 엄청난 크기의 산소통을 메고 다니는 셈이야. 정말 신기하지?

99퍼센트가 모르는 동물 지식

🌱 붕어는 짝짓기하지 않고도 새끼를 낳을 수 있대. 혼자 새끼를 낳는 비결이 궁금하다면 진딧물 편(178쪽)을 참고해 주길 바란다.

062 상어가 잠을 자면 죽는 이유

바다에 사는 동물 중 누가 가장 무서울까? 많은 동물이 있겠지만, 아마 대부분 상어를 떠올리지 않을까 싶어. 사람도 가볍게 삼키는 커다란 입과 날카로운 이빨을 가지고 있지. 심지어 이빨은 빠져도 빠져도 새로 자라난단다. 큰 덩치에 걸맞게 무는 힘도 대단해. 상어에게 물리면 트럭에 깔린 것과 같은 힘을 받는대. 웬만한 동물은 한 번만 물려도 무사하기 힘들지. 여기까지만 보면 상어가 엄청 무섭게 느껴질 거야. 그런데 알고 보면 상어만큼 불쌍한 동물도 없단다. 왜냐하면 상어는 죽을 때까지 잠을 못 자거든. 편안히 잠들면 숨을 못 쉬어서 죽는대. 이게 무슨 말이냐고?

물고기는 아가미로 숨을 쉬어. 아가미 안으로 계속 물을 들여서 산소를 흡수하지. 그럼 아가미에 물을 들이기 위해 계속 헤엄쳐야 하냐고? 아니야, 대부분의 물고기는 아가미가 알아서 움직이기 때문에 가만히 있어도 숨을 쉴 수 있단다. 하지만 상어는 예외야. 상어는 아가미를 움직이지 못해서 항상 헤엄쳐야 해. 푹 잠들기라도 하면 헤엄을 못 쳐서 죽을 수 있지. 잠을 아예 안 자는 건 아니지만 아주 얕게 잔단다.

상어가 계속 움직여야 하는 이유는 또 있어. 물고기들은 공기주머니처럼 생긴 부레라는 기관이 있어. 부레를 이용해 쉽게 뜨고 가라앉지. 공기를 채우면 뜨고 공기를 빼면 가라앉는 거야. 그런데 상어는 부레가 없어서 가라앉지 않으려면 계속 헤엄을 쳐야 해. 다행히 몸에 지방이 많아서 쉽게 가라앉진 않아. 지방은 물에 잘 뜨거든. 이처럼 상어는 누구보다 무시무시한 무기를 가졌지만, 그만큼 부족한 것도 많은 친구란다.

99퍼센트가 모르는 동물 지식

🌿 상어의 몸은 턱과 이빨을 제외하고 모두 연골(무른 뼈)로 이루어져 있어. 그래서 몸이 거의 분해되어 화석으로 남지 못한대. 정말 아쉬운 일이야. 하지만 연골이 많은 덕분에 더 유연하게 움직일 수 있대.

063 어두운 심해의 빛을 조심하라!

여보, 평생 신세 좀 질게.

배가 간지럽네. 뭐가 물었나?

　바닷속 깊은 곳은 밝을까, 어두울까? 물은 빛을 흡수해. 그래서 깊이 들어갈 수록 빛이 점점 흡수되어 어둡단다. 매우 깜깜하지. 만약 아주 깊은 바닷속, 즉 심해에서 빛을 본다면 절대 가까이 가면 안 돼. 심해아귀가 만든 함정이니깐 말이야. 심해아귀는 머리에 낚싯대처럼 긴 촉수가 달렸어. 촉수 끝엔 빛을 내는 세균이 살아서 반짝반짝 빛나지. 이 빛으로 어두운 심해에서 동물들을 유인해 잡아먹는단다. 심해아귀는 먹잇감을 어떻게 먹을까? 심해에는 식사를 방해할 동물이 별로 없으니 여유롭게 식사를 즐길까? 그렇게 생각했다면 오산이야. 심해아귀는 커다란 입으로 먹이를 한 번에 삼켜 버린단다. 심해에서는 먹잇감이 매우 귀해서 절대 놓치면 안 되거든.

심해아귀는 신기하게도 암컷이 수컷보다 덩치가 훨씬 커. 한두 배도 아니고 수십 배나 크지. 수컷은 너무 작아서 먹잇감을 잘 사냥하지도 못해. 그래서 수컷은 암컷에게 붙어 살아. 수컷은 암컷이 내는 불빛과 냄새로 암컷을 찾아. 암컷을 찾으면 다짜고짜 몸통을 꽉 물어 버리지. 이때, 놀라운 일이 일어나. 암컷의 몸과 수컷의 몸이 딱 붙어 버린단다. 몸의 혈관도 이어져서 수컷은 암컷으로부터 영양분을 공급받아. 합체에 성공한 수컷은 번식에 필요한 장기를 제외하고 모두 퇴화시키지. 암컷은 이런 방식으로 수컷을 여러 마리씩 달고 다닌대. 이렇듯 심해에선 사냥도 짝짓기도 모두 성급히 결정해야 해. 밥을 빨리 먹는 건 그렇다 쳐도, 결혼까지 쫓기듯 하는 건 정말 슬플 것 같아.

전기뱀장어는 왜 감전이 안 될까?

스마트폰의 배터리가 모자라서 곤란했던 적이 한 번쯤은 있을 거야. 부럽게도, 전기뱀장어는 배터리 걱정을 할 필요가 없어. 왜냐하면 스스로 전기를 만들거든. 전기뱀장어는 몸 전체에 전기를 만드는 기관이 있어. 이걸로 무려 860볼트의 전기를 만들 수 있지. 보통 집에서 쓰는 전기 콘센트(220볼트)의 네 배나 되는 양이야. 이 정도면 물고기는 물론이고, 사람이나 더 큰 동물도 죽일 수

있지. 그런데 조금 이상하지 않니? 전기뱀장어는 어떻게 감전되지 않는 걸까?

비밀은 전기뱀장어의 몸 구조에 있어. 전기뱀장어의 몸에는 수백 개의 판이 있어서 전기를 여러 갈래로 나눈단다. 그래서 전기 에너지가 매우 강해도 넓은 범위로 분산시키는 덕분에 견딜 수 있어. 도끼빗으로 머리를 두드리면 찌르듯이 아프지만 촘촘한 빗으로 두드리면 덜 아픈 것과 같아. 게다가 전기뱀장어는 중요한 장기들이 머리 쪽에 몰려 있어서 더욱 안전하단다. 몸속의 지방이 전기를 막아 주기도 하고 말이야. 전기뱀장어는 강한 전기를 이용해서 사냥도 하고 길도 찾아. 그런데 그거 아니? 사실은 우리도 전기를 만들 수 있어. 우리 몸을 구성하는 세포에서 항상 약한 전기 에너지가 만들어지거든. 전기 덕분에 우리가 느끼고 생각할 수 있는 거란다. 물론 그렇다고 종일 배터리를 잡고 있지는 말렴. 우리 몸에선 사는 데 필요한 만큼만, 아주 조금씩 만들어지니까 말이야.

99퍼센트가 모르는 동물 지식

🍃 전기뱀장어를 사냥하는 사람들은 막대기로 강물을 두드려. 막대기에 놀란 전기뱀장어가 전기를 모두 쓰고 지쳐 버리면 그때 잡는대.

물 없이도 사는 물고기가 있다면 믿을 수 있니? 심지어 이 물고기는 물 밖에서도 숨을 쉰대. 이 엄청난 능력의 주인공은 바로 '폐어'야. 폐어는 육지와 강을 넘나들며 살아. 물에서는 아가미, 물 밖에선 부레로 숨을 쉬지. 부레는 물속에서 움직이는 걸 도와주는 기관이야. 안에 공기를 넣으면 몸이 뜨고 공기를 빼면 가라앉지. 폐어는 이 부레를 폐처럼 이용한단다.

폐어는 건조한 환경에서도 오래 버틸 수 있어. 비가 오지 않으면 폐어는 재빨리 땅속으로 들어가. 땅이 마르기 전에 열심히 굴을 만들지. 굴을 다 만들면 끈적끈적한 액체로 고치를 만들어서 몸을 보호해. 모든 준비가 끝나면 에너지를 아끼기 위해 잠자리에 들어. 작은 구멍 하나로 숨을 쉬면서 비가 올 때까지 기다린단다. 길게는 몇 년까지도 버틸 수 있대. 폐어는 이러한 방법으로 무려 수억 년 동안 살아남았어. 과연 이 정도 생존력은 되어야 지구에서 살아남을 수 있나 봐.

99퍼센트가 모르는 동물 지식

 폐어는 시력이 안 좋지만 뛰어난 후각으로 먹이를 찾아.

066 무시무시한 육식 물고기의 치명적인 약점

물고기들은 어떤 먹이를 좋아할까? 물속에 자라는 풀? 아니면 아주 작은 플랑크톤? 우리의 생각보다 물고기들은 식성이 좋아. 물론 해초만 먹는 물고기도 있지만, 곤충이나 작은 물고기를 사냥하는 물고기도 있단다. 육식을 좋아하는 대표적인 물고기가 바로 피라냐야. 피라냐는 날카로운 이빨을 무기로 먹잇감을 공격하지. 피라냐에게 물려서 피가 나면 피 냄새를 맡고 더 많은 피라냐가 몰려

들어. 먹잇감이 몸부림을 칠수록 더 사납게 공격하지. 그런데 무리를 이루는 피라냐들은 대부분 겁이 많아서 혼자서는 아무것도 못 한다고 해.

만약 오랫동안 써서 이빨이 닳으면 어떻게 될까? 코끼리처럼 아무것도 먹지 못하고 굶어 죽는 걸까? 걱정하지 않아도 돼. 피라냐는 세 달마다 새 이빨이 자라나거든. 하나씩 빠지는 게 아니라, 이빨 여러 개가 통째로 교체된대. 평생 치과에 갈 필요가 없다니 정말 부럽지 않니?

나만의 바닷속 경호원

언제 어디서나 나를 지켜주는 경호원이 있다면 얼마나 좋을까? 나를 괴롭히는 친구를 혼내 주고, 집에 나쁜 사람이 들어오지 못하게 막아 준다면 정말 든든할 것 같아. 흰동가리는 자신만의 경호원이 있어. 경호원의 이름은 말미잘이란다. 말미잘은 물고기가 아니야. 독침이 있는 세포(자포)를 가진 자포동물이지. 해파리 같은 친구라고 보면 돼.

물고기들은 독침이 무서워서 말미잘의 근처에도 얼씬거리지 않아. 그렇지만 흰동가리는 말미잘 속에 자유롭게 드나들어. 적을 피해 숨기도 하고, 말미잘 안에 알을 낳기도 하지. 흰동가리의 몸에서 나오는 끈적한 액체가 독침을 막아 주거든. 흰동가리는 말없이 자신을 지켜 주는 게 고마웠는지, 말미잘의 몸속을 청소해 주기도 해. 말미잘은 항문이 없어서 노폐물을 배출하지 못하거든. 도움을 받은 만큼 보답하는 모습이 정말 보기 좋지 않니?

99퍼센트가 모르는 동물 지식

- 흰동가리는 말미잘의 생김새와 어울리게 진화하기도 한대.

- 흰동가리는 상황에 따라 수컷에서 암컷으로 성별을 바꿀 수 있대.

세상에서 가장 특이한 개미 TOP 7

7위 덫개미 – 덫개미는 사냥할 때 턱을 벌린 채로 가만히 숨어 있는대. 먹잇감이 지나가다가 턱을 건들면 빠르게 물어 버리지. 이때 속도는 우리가 눈을 깜빡이는 것보다 수백 배나 더 빠르다고 해.

6위 군대개미 – 군대개미는 수백만 마리가 떼를 지어 이동해. 천천히 움직이지만 절대 뒤로 가지는 않는단다. 길이 끊어져 있어도 서로의 몸을 연결해서 다리를 만든대.

5위 꿀단지개미 – 꿀단지개미는 동료의 뱃속에 꿀을 저장해. 꿀단지개미는 배가 잘 늘어나서 많은 꿀을 저장할 수 있단다.

4위 베짜기개미 – 베짜기개미는 애벌레의 끈적한 고치실로 나뭇잎을 이어서 축구공 모양의 집을 지어.

3위 노예사냥개미 – 노예사냥개미는 다른 개미의 알이나 번데기를 납치해 와서 마음대로 부려먹는대.

2위 잎꾼개미 – 잎꾼개미는 인간보다 훨씬 먼저 농사를 시작한 동물이야. 나뭇잎을 다져 만든 거름으로 버섯을 키운단다.

1위 가시개미 – 가시개미는 다른 개미굴을 통째로 빼앗는대. 여왕개미를 죽인 다음, 자신이 새로운 여왕이 되지. 원래 있던 개미들의 냄새를 몸에 묻힌 덕분에 들키지 않고 여왕개미에게 갈 수 있다고 해. 정말 기발하지?

자, 이 중에 어떤 개미가 가장 특이하다고 생각하니?

4

물에서도 살고
땅에서도 살아요

양서류

068 개구리는 왜 겨울만 되면 잘까?

팔다리가 나 있고
꼬리가 없는 걸 보니
어엿한 어른이시군요.

만약 어릴 때 사진이 있다면 한번 가져와 볼래? 그리고 한쪽에는 사진, 한쪽에는 거울을 놓고 외모가 얼마나 달라졌는지 살펴보렴. 어디가 얼마나 달라진 것 같니? 여기, 어릴 때와 다 자랐을 때의 모습이 생판 다른 친구가 있어. 바로 개구리지. 개구리는 새끼일 때 '올챙이'라고 불려. 올챙이는 다리가 없고 꼬리로 헤엄친단다. 그리고 물속에서 아가미로 숨을 쉬지. 올챙이가 어른이 되면 꼬리

138

가 사라지고 앞다리와 뒷다리가 나와. 이때부터는 아가미 대신 폐와 피부로 숨을 쉬지. 이 모든 과정이 불과 한 달 만에 이루어진단다.

하지만 이렇게 변신을 잘하는 개구리도 추위 속에서는 아무것도 하지 못해. 몸 안에서 열을 만드는 우리와 달리, 개구리는 몸 밖에서 열을 받아 움직이거든. 주변 온도에 따라 체온이 변해서 변온동물이라고 부르지. 우리처럼 항상 체온을 유지하는 항온동물은 꾸준히 열을 만들기 위해 많은 에너지를 사용해. 그런데 개구리는 외부에서 열을 얻기 때문에 에너지를 아낄 수 있단다. 그래서 우리보다 훨씬 적은 먹이로도 오랫동안 버틸 수 있지.

물론 단점도 있어. 바로 날씨가 추워지면 열에너지가 없어서 움직이지 못한다는 거야. 스스로 열을 만들지 못하기 때문에, 자칫 얼어 죽을 수도 있지. 그래서 개구리는 몸이 어는 것을 막는 물질을 분비한 뒤 긴 겨울잠을 자. 신진대사를 거의 멈춘 상태로 따뜻해질 때까지 기다린단다. 연약해 보이는 외모에 이토록 강인한 생명력을 가졌다니 놀라울 따름이야.

069

반전 매력의 소유자

우린 깨끗한 걸 좋아해!
너도 그렇지?

물과 땅에서 모두 사는 동물은 개구리뿐만이 아니야. '도롱뇽'이라는 친구도 개구리처럼 두 공간을 자유롭게 넘나든단다. 도롱뇽은 양서류답게 개구리와 닮은 점이 많아. 어른이 된 도롱뇽은 도마뱀처럼 생겼지만, 어릴 때 모습은 올챙이와 매우 비슷하지. 이때는 아가미로 숨을 쉬다가 크면서 폐와 피부로 호흡하기 시작해. 그런데 도롱뇽에게는 개구리가 따라 할 수 없는 엄청난 특기가 있어. 바로 뛰어난 재생 능력이지. 연약해 보이는 외모와 달리, 아주 강한 회복력을 자랑한단다. 작은 상처는 물론이고 뼈나 장기가 다쳐도 멀쩡히 회복할 수 있어. 정말 대단하지?

하지만 이렇게 엄청난 능력을 가지고 있어도 더러운 환경에는 적응하지 못한대. 도롱뇽은 깨끗한 물에서만 살 수 있거든. 최근 환경 오염이 심해지면서 개체 수가 많이 줄어들었어. 현재는 멸종 위기 동물로 지정되어 보호를 받고 있단다. 만약 도롱뇽을 잡아가거나 해치면 법적으로 처벌을 받을 수 있으니 혹시 만나게 되어도 눈으로만 봐 주렴. 하루빨리 환경이 다시 좋아져서 어느 계곡에서든 귀여운 도롱뇽을 볼 수 있었으면 좋겠다.

99퍼센트가 모르는 동물 지식

아홀로틀(Axolotl)이라는 도롱뇽은 탈바꿈하는 데 필요한 물질이 모자라서 어른이 될 수 없대. 한마디로 평생을 유생(올챙이)으로 사는 거지. 탈바꿈을 못 해서 아가미와 꼬리지느러미도 사라지지 않는단다. 신기하지?

5

땅바닥을
기어다녀요

파충류

070

태어나자마자 도망쳐야 하는 기구한 운명

거북은 느린 몸짓으로 만사가 여유로워 보이지만 사실 누구보다도 바쁜 삶을 살아왔어. 태어나면서부터 숨 막히는 추격전을 시작하지. 거북은 바다에 살지만 바다가 아닌 해변에 알을 낳아. 알을 낳을 시기가 되면 어미 거북들은 아주 바쁘게 움직여. 서로 좋은 자리를 차지하기 위해 신경전을 벌이지. 자리를 놓고

다투다가 알이 깨지는 일도 흔하단다. 우리가 보기엔 거기서 거기인데, 좀 더 특별한 장소가 있나 봐.

자리 쟁탈전을 이겨 낸 친구들은 얼마 후 알을 깨고 밖으로 나와. 그런데 이게 뭐람? 부모는 온데간데없이 사라지고 웬 무서운 포식자들이 아기 거북을 반기고 있는 거야! 해변의 수많은 새와 갑각류들은 저마다 입맛을 다시며 아기 거북에게 달려든단다. 당황한 아기 거북은 살기 위해 열심히 바다로 기어가. 모두 열심히 기어가지만, 안타깝게도 아주 소수만 살아남지. 간신히 바다에 들어가고 나면 이제 숨을 돌려도 돼. 거북은 수영을 잘하고 등껍질도 딱딱해서 천적이 별로 없거든. 어른 거북의 수영 속도는 올림픽에 나오는 수영 선수들보다 세 배나 빠르대. 대단하지?

99퍼센트가 모르는 동물 지식

 거북이의 성별은 온도에 따라 결정돼. 온도가 높으면 암컷, 낮으면 수컷이 태어난다고 해.

071

공룡은 지금도 우리 곁에 있다?

모든 공룡이 멸종하진 않았어.
모습을 바꿔 지금도 살고 있지.

그게
우리라고?!

우리는 수억 년 전에 공룡이 살았다는 걸 어떻게 알았을까? 정답은 화석 덕분이야. 화석은 오래전에 살았던 생물의 흔적이 남아있는 걸 말해. 보통 동물은 죽으면 다른 동물에게 먹히거나 미생물에게 분해되어 사라지지. 그런데 어쩌다가 땅속에 그대로 묻히기도 한단다. 이렇게 묻힌 동물은 뼈가 아주 잘 보존돼. 그래서 묻힌 모양을 보고 동물이 살았던 시기를 맞출 수도 있단다. 돌이나 흙, 모래 등이 케이크처럼 층층이 쌓인 것을 지층이라고 해. 밑에 있는 지층일수록 더 오래전에 만들어졌지. 케이크를 만들 때 맨 아래부터 쌓아 올리는 것처럼 말이야. 분석 결과, 최초의 공룡 화석은 무려 2억 3천만 년 전에 생겼대. 그렇다는 말은 2억 3천만 년 전에 공룡이 처음 등장했다는 거지.

과학자들은 공룡의 화석을 분석하면서 더 놀라운 사실을 발견했어. 바로 공룡의 뼈 구조가 새와 매우 닮았다는 거야. 이 말은 공룡이 아직 멸종하지 않았다는 뜻이지. 공룡은 수억 년 동안 생김새를 바꿔 오늘날 새의 모습으로 살고 있는 거야. 지금의 새들은 모두 한때 세상을 주름잡던 공룡이었단다. 헷갈릴까 봐 말해두는데, 모든 공룡이 살아남은 건 아니야. 지금으로부터 6500만 년 전, 우주에서 커다란 운석이 날아와 지구에 부딪히는 사건이 있었어. 운석의 파괴력은 핵폭탄 수십억 개를 터트린 것과 맞먹었대. 이 사건으로 인해 공룡 대부분이 멸종하고 일부 작은 공룡들만 살아남아 지금의 새로 진화했단다. 전봇대 위에 평화롭게 앉아있는 참새가 이렇게 엄청난 재앙 속에서 살아남았다니 정말 놀랍지?

99퍼센트가 모르는 동물 지식

- 깃털 달린 공룡들이 처음부터 날지는 않았어. 한참 나중에야 날기 시작했지. 하지만 깃털은 쓸데가 많았어. 가장 좋은 점은 체온을 따뜻하게 유지해 준다는 거지.

- 공룡은 파충류에서 진화했는데 파충류보다는 조류의 특징을 더 많이 띠어. 그래서 공룡을 분류하기 애매해지자 아예 파충류와 조류를 합한 '석형류'를 만들었단다.

072

위험할 때
꼬리를 자르는 동물

동물들은 자신을 잡아먹으려는 포식자를 만나면 어떻게 할까? 무조건 도망가기만 할까? 동물들은 위험한 상황이 닥치면 저마다 다양한 방법으로 대처해. 죽은 척을 하거나, 지독한 방귀를 내뿜기도 하지. 그중에 가장 독특한 건 도마뱀이 아닐까 싶어. 도마뱀은 도망가기 위해 자신의 꼬리를 끊어 버린단다. 꼬리엔 신경 세포가 있어서 혼자서도 움직일 수 있어. 그래서 잘린 뒤에도 계속 꿈틀거리며 포식자의 관심을 끌지. 도마뱀은 이 틈을 타서 온 힘을 다해 도망쳐.

　꼬리를 빨리 끊을 수 있는 이유는 꼬리가 약하게 연결되어 있기 때문이야. 그래서 힘을 주면 약하게 연결된 부분이 분리되어 툭 떨어진대. 끊어지자마자 혈관이 바로 쪼그라들어서 피도 금방 멎지. 다행히 끊어진 꼬리는 얼마 뒤에 다시 자라나. 하지만 뼈는 없고 살만 자라나지. 꼬리를 기르려면 영양소가 많이 필요해. 그래서 만약 한창 성장기일 때 꼬리가 잘리면 덩치가 조금밖에 못 큰단다. 도마뱀은 평생 한 번만 꼬리를 끊을 수 있대. 우리에게도 위험을 벗어날 기회가 있다면 얼마나 좋을까? 단 한 번만이라도 말이야.

99퍼센트가 모르는 동물 지식

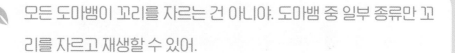 모든 도마뱀이 꼬리를 자르는 건 아니야. 도마뱀 중 일부 종류만 꼬리를 자르고 재생할 수 있어.

073 악어는 감수성이 풍부하다?

흐아암…
왜 하품을 하면
눈물이 날까?

악어는 잡은 먹이를 절대 놓치지 않는 무서운 포식자야. 무는 힘이 1톤을 거뜬히 넘기 때문에 한번 물리면 벗어나는 게 불가능하지. 그런데 이렇게 무서운 악어가 사실은 엄청난 울보래. 먹이를 먹을 때마다 눈물을 흘리거든. 먹잇감에게 미안해서 우는 걸까? 사실 악어가 우는 데에는 특별한 이유가 없대. 그냥 입을 움직일 때 눈물샘을 건드려서 눈물이 나오는 거라고 해. 우리가 하품할 때 눈물이 고이는 것처럼 말이야.

074 카멜레온은 어떻게 몸 색깔을 바꿀까?

너는 원래 무슨 색이야?

글쎄, 무슨 색이었더라?

카멜레온은 몸 색깔을 매우 다양하게 바꾸는 동물로 유명해. 과연 어떻게 다양한 색을 내는 건지 궁금하지 않니? 몰래 물감을 들고 다니면서 바르는 걸까? 놀랍게도 카멜레온은 그 어떠한 색소도 사용하지 않아. 오로지 특수한 피부 세포를 조절해서 빛깔을 바꾼대. 빛에는 모든 색이 들어 있다고 말했던 내용이 기억나니? 나뭇잎이 초록색으로 보이는 건 나뭇잎이 다른 색을 모두 흡수하고 초록색만 반사하기 때문이야. 만약 이 개념이 잘 기억나지 않으면 북극곰 편(29쪽)을 다시 읽어 보렴.

카멜레온은 이러한 빛의 원리를 이용해서 색을 바꿔. 카멜레온의 피부에는 반사판 같은 게 있는데, 이 반사판을 조절하여 특정한 색의 빛만 반사할 수 있단다. 짝을 유혹할 때는 밝고 화려하게 바꾸고, 추울 때는 어둡게 바꿔서 햇빛의 열을 흡수하지. 게다가 카멜레온은 시각 능력도 매우 뛰어나. 눈을 자유자재로 돌릴 수 있고 양쪽 눈을 서로 다르게 움직일 수도 있어서 시야가 매우 넓지. 먹잇감이 아무리 정신없이 움직여도 절대 놓치지 않는단다. 만약 카멜레온의 능력 중 하나만 가질 수 있다면 어떤 걸 원하니?

알아두면 쓸데 있는 동물 이야기 5

공룡이 지구를 지배한 건 'ㄱㄴ' 덕분이다?

한때 지구는 전체 생물의 90퍼센트가 멸종할 만큼 환경이 열악했어. 특히 대기 오염이 매우 심각했지. 하지만 공룡은 특별한 호흡 기관으로 버틸 수 있었단다. 공룡은 폐 옆에 달린 '기낭'이라는 공기주머니 덕분에 숨을 잘 쉴 수 있었어. 또한 긴 다리를 이용해 호흡에 제약을 받지 않고 활발히 움직였지. 도마뱀처럼 기어 다니는 동물들은 움직일 때마다 폐가 눌려서 호흡이 어렵거든. 이처럼 공룡은 타고난 신체 구조 덕분에, 지구를 지배할 수 있었어.

6

뼈가 없어도
강해요

곤충류

075

협동의 중요성

문제를 하나 내 볼게. 끝이 보이지 않을 정도로 큰 시소가 있어. 한쪽엔 지구의 모든 사람이 올라가고, 반대쪽엔 지구의 모든 개미가 올라간다면 시소가 어느 쪽으로 기울 것 같은지 맞춰 봐. 당연히 사람 쪽으로 기울지 않냐고? 정답은 바로 '평평하거나 개미 쪽으로 기운다'야. 물론 한 개체씩 비교하면 사람이 훨씬 무겁지만, 개미는 우리가 상상할 수 없을 만큼 엄청나게 많은 수를 자랑해.

개미는 어떻게 이리도 크게 번성할 수 있었을까? 가장 중요한 비결은 바로 협동 능력이라고 생각해. 몸집이 작은 개미는 역경을 마주하면 모두가 힘을 모아서 헤쳐 나가. 누구 하나 노는 이 없이 각자 맡은 역할을 성실하게 수행한단다. 학급이 운영되기 위해 선생님, 반장, 청소 부장이 필요한 것처럼 개미도 알을 낳는 여왕개미, 알을 돌보거나 사냥을 하는 일개미, 번식을 맡는 수개미 등 다양한 역할이 있지. 개미집의 구조도 역할에 맞게 다양한 방들로 이루어졌어. 여왕개미 방, 수개미 방, 육아방, 먹이 창고 등등 거의 아파트나 마찬가지란다.

그런데 궁금한 게 있어. 개미는 어떻게 멀리 떨어져 있어도 소통하는 걸까? 개미 한 마리가 먹이를 발견하면 잠시 후 친구들이 엄청 많이 몰려오잖아. 생각해보면 신기하지 않니? 우리처럼 스마트폰으로 친구에게 연락하는 것도 아닌데 말이야. 사실 개미의 몸에서는 '페로몬'이라는 물질이 나오는데, 이게 스마트폰의 역할을 한대. 페로몬은 공기 중에 잘 퍼져서 멀리 있는 친구들도 이 냄새를 맡고 찾아올 수 있단다. 먹이에서 집까지 페로몬을 쭉 분비해 놓으면 그 길을 따라오지. 만약 먹이가 다 떨어지면 헛걸음을 하게 되냐고? 걱정 마. 먹이가 떨어져 발길이 끊기면 페로몬 길도 금방 사라져 버린단다. 정말 영리한 방법이지 않니?

99퍼센트가 모르는 동물 지식

개미는 몸을 감싸는 딱딱한 껍질(외골격)로 숨을 쉬어서 대기의 변화를 예민하게 느껴. 그래서 비가 올 것을 미리 알고 준비하지. 물이 들어오지 않게 입구에 댐을 쌓거나 집 안에 대피소를 만들어 숨는단다.

076

깔때기 모양의 함정을 조심하라

 동물들은 저마다 자신 있는 방법으로 먹잇감을 사냥해. 먹잇감을 직접 찾아가 사냥하는 동물도 있고 가만히 함정을 파놓고 기다리는 동물도 있지. 개미귀신은 함정 파기의 고수야. 개미귀신은 명주잠자리라는 곤충의 애벌레인데 눈이 안 좋아서 먹이를 찾아다니지 못해. 그래서 모래 속에 함정을 만들지. 깔때기 모양처럼 모래를 파고서 밑에 들어가 먹이를 기다린단다.

먹이가 지나가면서 모래를 건들면 사냥이 시작되지. 개미귀신은 먹잇감의 움직임을 파악해서 위치를 알아내. 그리고 사정없이 모래를 뿌려서 작은 산사태를 일으켜. 산사태에 휘말린 먹잇감은 계속 미끄러지다가 개미귀신의 밥이 된단다. 개미귀신은 큰 턱으로 먹이를 물고서 체액을 빨아 먹고, 남은 껍데기는 바깥에 버린다고 해. 조용한 모래 속에 무서운 함정이 숨어있다니 정말 소름이 끼치는 걸.

99퍼센트가 모르는 동물 지식

개미귀신은 항문이 없어서 배설물을 모았다가 번데기가 되기 전에 토해 낸대.

077

벌집은 원래
육각형이 아니다?

오늘은 육각형을
그려 볼 거예요.
육각형은 꿀벌에게
아주 좋은
모양이랍니다.

네, 선생님.

　대부분 각자 마음 속에 꿈꾸는 집이 있을 거야. 화려하고 멋있는 집일 수도 있고, 튼튼하고 넓은 집일 수도 있지. 혹시 벌들은 어떤 집을 좋아하는지 아니? 벌들은 튼튼하고 넓은 집을 좋아한대. 벌집이 육각형인 이유도 바로 이 때문이지. 그런데 왜 하필 육각형일까? 별이나 하트 모양일 수도 있을 텐데 말이야. 좋은 집을 짓기 위해서는 이어 붙였을 때 빈틈이 없어야 한대. 빈틈이 있으면 안 좋은 물질이 끼거나, 사이로 바람이 드나들어 열을 빼앗기거든.

우선 원을 살펴볼까? 원은 같은 재료를 썼을 때 가장 넓은 방을 만들 수 있어. 하지만 이어 붙이면 빈틈이 생겨 버린단다. 그래서 원은 탈락이야. 그렇다면 삼각형이나 사각형은 어떨까? 이 두 모양은 이어 붙였을 때 빈틈이 안 생겨. 하지만 삼각형은 공간이 너무 좁고 사각형은 튼튼하지 않지. 그래서 벌집이 육각형인 거야. 육각형은 빈틈없이 이어 붙일 수 있는 도형 중에 가장 넓거든. 게다가 충격도 잘 흡수해서 여러모로 좋단다. 이제는 벌뿐만 아니라 사람들도 육각형의 장점을 눈치채고 다양한 곳에 이용하고 있어. 전자기기의 작은 부품부터 건축물, 나아가 인공위성에서도 육각형 구조를 찾을 수 있지. 여기서 한 가지 놀라운 사실이 뭔지 아니? 사실 꿀벌은 처음에 원 모양으로 집을 만든대. 그런데 벌의 체온 때문에 벽이 녹아서 육각형 모양이 되는 거야. 벌집의 재료가 열에 약하거든. 벌에게는 뜻밖의 이득인 셈이지.

99퍼센트가 모르는 동물 지식

꽃을 발견한 꿀벌은 춤을 춰서 동료들에게 꿀의 위치를 알려 준대.

밤에 가로등에 모여든 곤충들을 본 적 있니? 아마 다들 한 번쯤은 봤을 거야. 그렇다면 곤충들은 왜 그렇게 가로등을 좋아하는 걸까? 가로등에 꿀이 발라져 있는 것도 아닌데 말이지. 지금부터 그 이유를 알려 줄게. 나방은 새와 같은 포식자들을 피해 어두운 밤에 활동해. 이 친구들은 시력이 안 좋아서 빛을 기준으로 움직인단다. 어두운 밤에 과연 어디서 빛을 찾을까? 잘 모르겠으면 밤하늘을 올려다 보렴. 환하게 빛나는 달이 있을 거야. 여기서 잠깐, 참고로 달은 스스로 빛을 내지 못해. 달이 환한 이유는 태양 빛을 반사하기 때문이지. 나방은 달빛을 기준으로 길을 찾아.

그런데 인간들이 전기를 발명하면서 달보다 더 밝은 것들이 나타나기 시작했어. 도시의 수많은 불빛은 나방을 헷갈리게 했지. 나방이 가로등에 달라붙는 이유도 가로등을 달빛으로 착각했기 때문이란다. 신기한 점은 또 있어. 나방은 날개에 비늘이 붙어 있는데, 이 비늘의 장점이 어마어마해. 나방의 비늘엔 방수 기능이 있어서 비가 와도 젖지 않아. 게다가 박쥐가 먹잇감을 찾기 위해 발사하는 초음파를 흡수해서, 박쥐에게도 들킬 염려가 없어. 나방은 비록 앞은 잘 볼 수 없지만, 그만큼 훌륭한 재주를 갖고 있는 동물이지. 이처럼 지구에 사는 모든 동물은 저마다 특별한 재주를 자랑한단다.

079 나비의 주둥이가 길어진 사연

나비는 왜 그렇게 꽃을 좋아할까? 꽃이 너무 예뻐서? 정답은 바로 꿀을 먹기 위해서야. 꽃 안에는 달콤한 꿀이 들어 있거든. 꽃은 번식하기 위해서 꿀을 만들지. 꽃이 번식하려면 꽃가루가 다른 꽃으로 전해져야 해. 수술에서 만들어진 꽃가루가 다른 꽃의 암술에 닿으면, 꽃이 지고 씨와 열매가 만들어진단다. 이걸 꽃가루받이(수분)라고 해. 움직이지도 못하는 꽃이 어떻게 번식을 하는 걸까?

어휴, 꿀 한번
먹기 힘드네.

쪼옥

쪼옥

나비야, 세상에
공짜는 없단다.

재미있게도, 꽃은 아주 기발한 작전을 실행한단다. 바로 곤충을 이용해 꽃가루를 옮기는 거야. 꽃은 우선 달콤한 꿀로 곤충을 유인해. 곤충이 꿀을 먹으려고 꽃 안을 헤집으면서 자연스레 꽃가루가 묻지. 꿀을 먹고 난 곤충은 꽃가루를 잔뜩 묻힌 채로 또 다른 꽃에 들어가. 꽃 한 송이에는 꿀이 조금밖에 없어서 수많은 꽃을 돌아다녀야 하거든. 그렇게 다른 꽃을 돌아다니다가 꽃가루가 암술에 묻으면 작전 성공이란다. 나비의 주둥이는 평소에 말려 있다가 꿀을 빨 때 쭈욱 펴져. 긴 주둥이로 꿀만 쏙 빼먹으려 하지. 그렇지만 꽃도 만만치 않아. 꽃가루를 많이 묻히게 하려고 꿀을 아주 깊숙이 숨겨 놓는단다.

99퍼센트가 모르는 동물 지식

황제나비라는 친구는 추운 겨울이 되면 따뜻한 곳으로 이동해.

080

매미가 그토록 시끄럽게 우는 이유

매년 여름마다 우리의 고막을 못살게 구는 '매미'를 아니? 안 그래도 덥고 짜증 나는데, 시끄럽게 울어 대는 얄미운 친구지. 그런데 매미의 사연을 알고 나면 울음소리가 마냥 불쾌하게 들리지는 않을 거야. 항상 나무에 매달리는 매미는 태어날 때부터 나무와 함께해. 나무 속에서 태어나지. 그런데 태어난 다음에는 엉뚱하게도 땅속으로 파고들어 가. 열심히 땅을 파서 나무의 뿌리 쪽에 자리를 잡은 후, 오랜 시간 뿌리의 즙을 빨아 먹고 살아. 종에 따라 다르지만 대부분은 약 3~7년 동안 이렇게 산단다.

매미는 불완전 탈바꿈을 해. 알-애벌레-어른벌레의 순서대로 자라지. 애벌레에서 번데기가 되는 과정을 겪지 않는 대신 껍질을 벗는 '탈피'를 한단다. 매미는 몸이 다 자라서 탈피할 때가 되면 밖으로 나온 다음, 나무에 매달린 채로 탈피를 시도하지. 오랫동안 몸을 움직이지 않았는데도 능숙하게 껍질을 벗어. 탈피를 마치고 잠시 몸을 말리고 나면 이제 마음껏 날 수 있단다. 내내 땅속에 갇혀 있다가 하늘을 난다니 정말 짜릿하지 않겠니?

하지만 하늘을 나는 것도 고작 한 달뿐이야. 매미는 길어야 한 달밖에 살지 못하거든. 그래서 하루빨리 짝짓기에 성공하려고 최선을 다해. 암컷은 큰 소리를 내는 수컷을 좋아하기 때문에, 수컷들은 너도나도 목청이 터져라 울지. 수컷은 근육을 빠르게 쥐락펴락해서 소리를 내. 배 속이 비어있어서 소리가 크게 울리지. 빈 페트병을 쭈그렸다 펼 때 큰 소리가 나는 것처럼 말이야. 참고로 암컷은 발성 기관이 없어서 울지 못해. 수 년을 기다렸는데 한 달밖에 살지 못한다니 정말 안타깝지? 이제 여름에 매미가 울어도 조금만 이해해 주렴.

99퍼센트가 모르는 동물 지식

- 매미는 종류에 따라 우는 시간대가 다르대.
- '17년 매미'라고 불리는 친구는 이름처럼 무려 17년 동안 땅속에 산대.

081

사람을 가장 많이 해친 의외의 동물

사람을 가장 많이 해치는 동물이 누굴까? 무시무시한 사자나 악어? 땡! 힌트를 줄게. 소름 돋지만 우리 주변에 흔히 있는 동물이야. 바로 모기지. 물려도 고작 간지럽기만 한 모기가 1등이라고? 모기가 위험한 이유는 바로 전염병 때문이야. 피를 빨면서 병균을 퍼뜨리기도 하거든. 모기가 옮기는 병 때문에 죽는 사람이 매년 수십만 명에 달해. 사실 모기가 항상 피를 빠는 건 아니야. 평소에는 식물의 즙을 먹다가 임신을 했을 때만 영양분을 보충하려고 피를 먹는단다.

모기가 사냥하는 과정은 정말 놀라워. 모기는 동물이 내뱉는 이산화탄소나 땀 냄새, 체온을 통해 먹잇감을 찾아. 그리고 조용히 피부에 앉아 작업을 시작하지. 피를 빨려면 우선 혈관을 찾아야 해. 아무 데나 꽂는다고 되는 게 아니란다. 모기는 피 냄새를 맡을 수 있어서 금방 혈관을 찾아. 그리고 날카로운 주둥이를 단번에 꽂아버리지. 모기의 묘기는 아직 끝나지 않았어. 피는 시간이 지나면 굳는 성질이 있어. 그래서 모기는 피가 굳지 않게 막는 물질을 분비한단다. 모기에 물린 데가 간지러운 이유도 이 물질 때문이야. 우리 몸은 이 물질을 쫓아내기 위해 싸워. 싸우는 과정에서 피부가 붓기 때문에 간지럽지. 만약 간지럼을 줄이고 싶다면 절대 긁지 말렴. 물린 곳을 비누로 씻고 약을 바르는 게 가장 좋아. 약이 없다면 따뜻하게 찜질을 해 줘. 조금만 기다리면 괜찮아질 거야.

99퍼센트가 모르는 동물 지식

- 모기의 윙윙거리는 소리는 모기의 목소리가 아니라 날갯짓 소리래. 1초에 수백 번이나 날갯짓을 해서 큰 소리가 나지. 빠르게 움직이는 선풍기에서 소리가 나는 것처럼 말이야.

- 여름에 모기가 많은 이유는 열에너지를 잘 얻을 수 있기 때문이야. 하지만 너무 더우면 모기도 더위를 이기지 못하고 여름잠을 잔대.

082 참 고마운 곤충, 무당벌레

위쪽에 맛있는 진딧물이 가득하구나.

누가 우릴 보고 있는 것 같아!

　무당벌레는 왜 이름이 무당벌레일까? 바로 알록달록한 생김새가 무당이 입는 옷과 닮아서래. 그런데 무당벌레는 하는 행동도 무당을 닮았어. 무당처럼 해로운 무언가를 쫓아내지. 무당이 해로운 기운을 쫓는다면, 무당벌레는 해로운 곤충(해충)을 해치워. 그래서 농부들에게 아주 많은 사랑을 받지. 무당벌레가 가장 좋아하는 해충은 진딧물이야. 진딧물은 식물의 영양분을 빨아먹어서 식물을 병들게 하고, 배설물조차도 식물에 안 좋은 영향을 미치지. 무당벌레는 진딧물을 닥치는 대로 잡아먹어. 하루에 수십 마리나 해치운단다.

그렇다면 무당벌레는 어떻게 이 많은 진딧물을 찾는 걸까? 그건 바로 무당벌레의 특이한 본능 덕분이야. 무당벌레는 높은 곳을 아주 좋아해. 식물을 만나면 항상 높이 올라가는 버릇 때문에 진딧물을 잘 찾는단다. 왜냐하면 진딧물은 식물의 윗부분에 주로 모여있거든. 두꺼운 줄기가 있는 아랫부분보다 가는 윗부분이 여러모로 좋기 때문이야. 만약 진딧물을 찾아다니다가 포식자를 만나면 어떻게 하냐고? 걱정하지 않아도 돼. 무당벌레는 매우 쓰디쓴 액체를 쏴서 천적을 쫓아 버린단다. 이렇게 고마운 곤충이 그냥 당하기만 하면 어쩌나 걱정했는데, 나름 반격도 한다니 다행이야.

99퍼센트가 모르는 동물 지식

- 많은 곤충은 에너지를 아끼려고 알의 상태로 겨울을 보내. 그런데 무당벌레는 반대로 어른벌레의 모습으로 겨울을 난단다.

- 모든 무당벌레가 식물을 지키는 건 아니야. 어떤 무당벌레는 식물을 먹기도 한대.

083 베짱이는 사실 게으르지 않다?

혼자 살면 이 모든 일을
직접 다 해야 해!
너도 매일 네 할 일을
잘하고 있니?

《개미와 베짱이》라는 동화를 아니? 이 동화에서는 베짱이가 매우 게으른 친구로 나와. 맨날 놀기만 하다가 겨울이 되어 먹을 것이 떨어지자 개미에게 도움을 청하지. 하지만 이건 동화일 뿐이야. 사실 베짱이는 개미보다 더 부지런한 친구란다. 베짱이는 혼자 살기 때문에 부지런할 수밖에 없어. 단체 생활을 하는 개미는 비교적 일을 쉽게 처리할 수 있지. 이것저것 신경 쓸 필요 없이 각자 맡은 역할에만 집중하면 되거든. 하지만 혼자 사는 베짱이는 모든 일을 스스로 해결해야 돼. 가장 큰 문제는 겨울맞이야. 베짱이는 수명이 짧아서 겨울이 되기 전에 죽거든. 종족을 보존하려면 겨울이 오기 전에 새끼를 낳아야 해.

그래서 슬슬 날씨가 추워지면 베짱이는 짝짓기에 열을 올려. 모든 수컷이 최선을 다해 암컷을 유혹하지. 앞날개를 비벼서 큰 소리를 낸단다. 이 소리가 마치 베를 짜는 소리 같아서 '베짱이'라고 불리지. 베 짜기란 베틀이라는 장치를 이용해 실을 엮어 옷감을 만드는 일을 말해. 이렇게 어렵사리 짝짓기에 성공하면 베짱이는 새끼를 낳고 죽어. 새끼들은 알 속에서 추운 겨울을 버티지. 봄이 오면 알을 깨고 나와 눈코 뜰 새 없이 바쁜 삶을 시작한단다.

그런데 그거 아니? 사실 《개미와 베짱이》의 원래 제목은 《개미와 매미》래. 이야기가 여러 나라로 번역되면서 매미가 베짱이로 바뀌고 만 거지. 동화를 만든 작가는 여름에 온종일 울어 대는 매미가 게으르게 보였나 봐. 사실 매미도 짝짓기를 위해 열심히 노력하는 건데 말이야.

084 벼룩은 몸길이의 100배를 점프한다?

자연에서 먹이를 구하는 건 매우 힘든 일이야. 작고 날쌘 먹잇감을 쫓아다니랴, 자신을 쫓는 포식자들을 피해 다니랴 항상 바쁘지. 그래서 어떤 동물들은 특별한 생존 기술을 개발했어. 바로 먹잇감에 아예 붙어사는 거지. 이것을 '기생'이라고 해. 기생하는 동물에게 영양분을 제공해 주는 동물은 '숙주'라고 하지. 벼룩은 숙주의 몸에 붙어서 피를 빨아 먹고 살아.

건강하고 피를 빨아도
눈치 못 채는
착한 숙주 어디 없나?

JUMP!

만약 숙주의 상태가 안 좋아지면 어떡하냐고? 답은 간단해. 다른 숙주를 찾으면 된단다. 다른 먹잇감을 찾는 것은 벼룩에게 그렇게 어려운 일이 아니야. 벼룩은 점프를 아주 잘하거든. 몸길이가 약 3밀리미터밖에 안 되지만 30센티미터나 멀리 뛴단다. 몸길이의 100배나 되는 거리를 뛰는 셈이지. 사람으로 치면 웬만한 건물을 점프 한 번으로 뛰어넘는 거야. 대단하지?

99퍼센트가 모르는 동물 지식

'흑사병'을 아니? 흑사병은 중세시대 유럽 사람들을 공포에 떨게 했던 무서운 병이야. 흑사병은 벼룩을 통해 옮겨졌대. 병균을 가진 쥐에게 기생했던 벼룩이 다시 사람을 물면서 전염되었지. 당시 이 병으로 인해 무려 수천만 명이 목숨을 잃었다고 해. 다행히 지금은 치료제가 있지만, 그땐 살아남기를 기도하는 수밖에 없었지.

사마귀가
가장 무서워하는 것

사마귀는 곤충들 사이에서 소문난 사냥꾼이야. 아주 조용하고 깔끔하게 사냥을 마무리하지. 사마귀는 머리를 자유자재로 돌릴 수 있어. 그래서 굳이 소리를 내며 움직이지 않아도 먹잇감을 잘 찾지. 먹잇감을 발견하면 숨을 죽이고 조심스레 다가가. 작은 몸집이 아님에도 몸 색깔이 풀과 비슷해서 잘 들키지 않는대. 자, 드디어 먹잇감의 바로 뒤까지 왔어. 이제 사마귀는 비장의 무기를 사용해. 날카로운 앞발로 순식간에 먹잇감을 낚아채지. 톱처럼 생긴 앞발에 한번 잡히면 벗어나기 힘들어.

그런데 이렇게 무시무시한 사냥꾼인 사마귀도 두려워하는 존재가 있어. 바로 암컷 사마귀야. 암컷은 수컷보다 몸집도 크고 힘도 더 세거든. 그래서 수컷은 암 컷과 짝짓기를 할 때조차 긴장을 놓지 않아. 짝짓기를 마치고 빨리 도망가지 못 하면 잡아먹힐 수 있거든. 암컷은 수컷을 잡아먹고 영양분을 보충해서 건강한 새끼를 낳아. 거품 같이 생긴 둥지에서 수백 마리의 새끼들이 태어나지. 하지만 대부분의 새끼는 다른 포식자들에게 잡아먹혀. 아주 소수의 새끼만 살아남아서 사냥꾼의 명성을 이어간다고 해. 다 자란 사마귀는 마치 가족들의 복수라도 하 듯 거침없이 곤충들을 사냥한단다.

99퍼센트가 모르는 동물 지식

🍃 사마귀의 눈동자는 왜 항상 다른 곳을 보고 있을까? 사실 눈동자처럼 보 이는 작은 점은 빛이 휘어져서 보이는 착시 현상이래. 눈동자가 아니었어!

🍃 사마귀는 바퀴벌레의 친척이야. 몸의 구조가 바퀴벌레와 비슷하단다.

086 소금쟁이가 물 위에 뜨는 이유

물이 고인 웅덩이에 둥둥 떠 있는 소금쟁이를 본 적 있니? 소금쟁이는 어떻게 물 위에 떠다니는 걸까? 그건 바로 '표면 장력'이라는 과학 원리를 아주 잘 이용

한 덕분이야. 표면 장력은 액체가 서로 뭉치려고 하는 힘을 말해. 표면에 생기는 장력(당기는 힘)이지. 표면 장력은 모든 액체가 가지고 있는 성질이야. 물도 마찬가지지. 물은 원래 작은 알갱이들로 이루어져 있어. 이걸 '물 분자'라고 하는데, 물 분자는 물 한 방울보다 훨씬 작아. 여기서 더 작게 나눌 수도 있지만, 더 쪼개면 물의 성질이 사라져 버려. 물방울이 동그란 이유는 물방울 속에 들어 있는 수많은 '물 분자'들이 서로 잡아당기기 때문이란다. 물방울의 가장 바깥쪽 표면에 있는 물 분자들은 안쪽으로 당겨지기 때문에 동그랗게 뭉쳐지지.

물방울의 동그란 형태를 무너뜨리기 위해서는 어떻게 해야 할까? 바로 물 분자들이 뭉치는 힘보다 더 강한 힘을 가하면 돼. 하지만 소금쟁이는 워낙 가벼워서 물 위에 올라가도 물 분자를 떼어놓지 못한단다. 소금쟁이가 받는 중력이 물의 표면 장력보다 약해서 물 위에 둥둥 뜨게 되지. 신비한 초능력을 쓰는 게 아니라, 몸이 너무 가벼워서 뜨는 거란다.

소금쟁이는 물에 뜨는 것과 달리 날거나 걷는 데에는 서툴러. 그래서 매우 독특한 방법으로 먹이를 사냥하지. 물 위에 떨어지거나 죽어서 떠오른 동물의 사체를 먹는단다. 먹이를 찾으면 물 위를 미끄러지듯이 움직여서 먹이에게 다가가지. 뾰족한 주둥이를 이용해 체액을 빨아 먹는단다. 소금쟁이는 자신의 특징을 장점으로 잘 활용한 친구야. 물속도, 땅 위도 아닌 물 바로 위에서 산다니 정말 기발하지 않니?

087 동물의 사체는 누가 치울까?

길거리가 항상 깨끗한 건 환경미화원들의 노력 덕분이야. 그런데 사람의 손길이 닿지 않는 자연 속은 어떻게 깨끗한 걸까? 우리에게 환경미화원이 있다면 동물들에게는 청소동물이 있어. 청소동물들은 동물들의 사체를 말끔하게 처리해 주지. 대표적인 청소동물인 송장벌레를 소개할게. 참고로 송장벌레의 '송장'은 죽은 몸뚱이를 말해. 이 친구는 예민한 더듬이로 사체를 찾아. 그리고 사체를 찾으면 바로 먹거나 사체 안에 알을 낳지. 땅에 묻고서 두고두고 사용하기도 해.

사체를 먹으면 좋은 점은 무엇일까? 바로 힘들게 사냥할 필요가 없다는 거야. 그냥 찾기만 하면 되거든. 하지만 단점도 만만치 않아. 사체는 잘 썩어서 영양

소가 쉽게 파괴된단다. 그래서 송장벌레는 사체에 특별한 물질을 발라서 썩는 속도를 늦추지. 이렇게 다듬은 사체는 잘 썩지도 않고 냄새도 없어진대. 청소는 물론이고 냄새까지 지운다니 아주 완벽한 청소부지.

99퍼센트가 모르는 동물 지식

 모든 송장벌레가 죽은 동물을 먹는 건 아니야. 살아 있는 곤충을 사냥하는 송장벌레도 있단다.

몸무게의 100배를 드는 곤충

난 어릴 때부터 우량아였어!

세상에서 가장 힘이 센 곤충은 누굴까? 내 생각엔 장수풍뎅이가 가장 강한 것 같아. 이름에 붙은 '장수'는 군인들의 대장을 뜻하는 말이지. 그만큼 장수풍뎅이는 힘이 세기로 유명해. 자기 몸무게의 무려 100배나 되는 물체도 들 수 있단다. 식물만 먹는데도 이렇게 엄청난 힘을 낸다니 정말 놀라워. 장수풍뎅이는 태어날 때부터 남다른 덩치를 자랑해. 알에서 태어나 애벌레가 된 뒤, 번데기의 과정을 거쳐 어른벌레가 된단다. 이러한 과정을 '완전 탈바꿈'이라고 불러. 완전 탈바꿈을 마치고 어른이 된 장수풍뎅이는 아무도 건들지 못해. 온몸에 두르고 있는 튼튼한 갑옷은 말벌의 침도 통하지 않지.

장수풍뎅이의 주특기는 뿔을 이용한 공격이야. 커다란 뿔로 상대를 들이받거나 내던져 버리지. 이렇게 공격과 방어가 모두 뛰어나다 보니 장수풍뎅이에게는 무서울 게 없나 봐. 나무의 수액을 발견하면 앞뒤 가리지 않고 바로 돌진하지. 곤충들은 한창 식사 중이어도 장수풍뎅이가 다가오면 하는 수 없이 자리를 뜬단다. 이런 장수풍뎅이의 가장 큰 적은 바로 다른 장수풍뎅이야. 수컷 장수풍뎅이들은 암컷을 차지하기 위해 사력을 다해 싸운다고 해.

99퍼센트가 모르는 동물 지식

 장수풍뎅이의 성별을 구분하는 법은 간단해. 큰 뿔이 있으면 수컷이고 뿔이 없으면 암컷이란다.

089 약골 곤충이 악명 높은 해충이 된 비결

이전의 무당벌레 이야기에서 진딧물이 아주 해로운 곤충이라고 말했었지? 그런데 막상 진딧물을 보면 이 친구가 정말 해충이 맞나 싶어. 몸집이 3밀리미터

정도로 아주 작고, 날카로운 이빨이나 독이 있는 것도 아니거든. 이렇게 연약한 곤충이 어떻게 악명 높은 해충이 된 걸까?

　그 비결은 바로 뛰어난 번식력과 거래 능력이야. 진딧물은 비록 몸이 약해도 번식력이 아주 좋아서 잘 없어지지 않지. 진딧물은 혼자서도 많은 새끼를 낳을 수 있어. 암컷은 단독으로 번식하는 단성 생식을 한단다. 반대로 암컷과 수컷이 만나 새끼를 낳는 건 유성 생식이라고 해. 단성 생식은 유성 생식보다 에너지가 적게 든다는 장점이 있지만, 암컷의 특성만 물려받았기 때문에 적응력이 떨어진 다는 단점이 있어. 반면에 유성 생식을 하면 암컷과 수컷의 적응력을 모두 물려 받아서 더 다양한 환경에 적응할 수 있어. 그래서 진딧물은 환경이 좋을 때에는 단성 생식을 하고, 환경이 안 좋을 땐 유성 생식을 한단다.

그리고 진딧물은 거래도 매우 잘해. 자신에게 필요 없는 것을 다른 곤충에게 주고 원하는 것을 받지. 진딧물은 식물의 수액을 빨아먹어. 그런데 수액에는 당분이 지나치게 많단다. 진딧물은 남아도는 당분을 아주 영리하게 이용해. 개미에게 당분을 주고, 그 대가로 경호를 받지. 개미는 진딧물의 곁에서 당분을 받아먹으며 다른 포식자를 쫓아 줘. 진딧물과 거래하는 건 개미뿐만이 아니야. 아주 작은 미생물도 진딧물의 단골손님이지. 앞서 말했듯 수액에는 영양소가 고르게 들어있지 않아. 당분만 아주 많지. 하지만 진딧물은 편식을 해도 건강해. 이게 다 뱃속에 사는 미생물 덕분이란다. 미생물은 진딧물이 먹은 것들을 이용해 필요한 영양소를 만들어 줘. 우리에게도 이런 미생물이 있다면 얼마나 좋을까? 실컷 편식해도 영양소가 모자라지 않고 건강하다면 정말 대박이겠는걸?

090 하루살이는 정말 하루만 살까?

하루살이는 과연 며칠이나 살까? 혹시 단 하루라고 생각했다면 아쉽게 됐어. 정답은 3년이란다. 다들 하루살이라는 이름 때문에 정말 하루만 사는 줄 아나 봐. 하지만 하루살이는 의외로 꽤 오래 산단다. 애벌레로 3년을 살다가, 어른벌레가 되면 2~3일 정도 살다 죽지. 그런데 죽는 이유가 조금 황당해. 밥을 먹지 못해서 굶어 죽는대. 물론 어른으로 살기가 힘들어서 밥맛을 잃은 건 아니야.

하루살이는 불완전 탈바꿈을 하는 곤충이야. 여러 번의 탈피를 거쳐서 어른벌레가 되지. 그런데 탈피 도중에 뜬금없이 입이 퇴화한단다. 입이 없는 채로 어른벌레가 된 하루살이는 결국 아무것도 먹지 못하고 굶어 죽지. 비록 며칠밖에 살지 못하지만 하루살이는 좌절하지 않아. 암컷을 찾아 짝짓기도 하며 주어진 삶에 최선을 다하지. 우리도 살면서 힘이 들 때, 걱정만 하기 보다는 하루살이처럼 중요한 일에 집중해 보는 게 어떨까?

여왕벌이 되려면 시험을 봐야 한다?

여왕벌을 본 적 있니? 여왕벌은 아주 커다란 덩치를 자랑해. 그런데 의외로 여왕벌의 출생은 평범하다. 다른 벌들과 몸집이 비슷했지만, 시험을 통과한 덕분에 여왕벌이 될 수 있었지. 원래 있던 여왕벌이 사라지거나 힘이 약해지면 여왕벌 시험이 시작돼. 일벌들은 모든 애벌레에게 '로열 젤리'라는 영양가 높은 꿀을 나눠 주지. 그리고 크기가 많이 자란 애벌레들을 여왕벌 후보로 정하고 정성을 다해 길러. 만약 시험에 떨어지면 어떡하냐고? 떨어진 애벌레들에게는 로열젤리 대신 원래 먹던 먹이(꿀과 꽃가루)를 준단다. 꿀과 꽃가루에는 다른 애벌레들이 여왕벌로 자라지 못하게 막는 물질이 들어 있대. 한마디로 안 좋은 걸 먹어서 여왕벌이 되지 못하는 셈이지.

여왕벌 시험은 여왕벌 후보가 한 마리만 남을 때까지 계속돼. 먼저 태어난 후보는 아직 태어나지 못한 후보들을 찾아 제거하지. 만약 동시에 태어나면 한쪽이 죽거나 도망갈 때까지 싸운단다. 이렇게 기나긴 싸움에서 이긴 단 한 마리의 여왕벌만이 벌 왕국을 다스릴 수 있어.

091

나무 없이는 못 살아!

누나, 저건 뭐야?

인간이 우릴 위해 잘라서 모아 둔 커다란 나무 요리야.

    너는 좋아하는 음식이 무엇이니? 흰개미는 아주 특이한 식성을 가졌어. 바로 나무를 좋아한단다. 그래, 네가 생각하는 거칠거칠한 나무가 맞아. 흰개미는 나무를 잘 갉아 먹는 덕에, 썩은 나무를 처리해서 생태계*에 많은 도움을 주지. 하지만 종종 나무로 지은 건축물을 훼손해서 피해를 주기도 해. 그런데 다른 곤충들은 왜 나무를 먹지 않을까? 다른 곤충들도 나무를 먹을 수는 있어. 다만 소화를 시키지 못할 뿐이야. 흰개미는 뱃속에 특이한 미생물이 살고 있어서 나무를 소화할 수 있단다. 게다가 나무를 먹고 소화한 것에 흙을 섞어서 집도 만든다고 해. 곤충이 만들었다고는 믿을 수 없을 만큼 커다란 집을 짓지. 어른의 키를 훌쩍 넘기고도 남을 정도니까 말이야. 단순히 크기만 한 게 아니라 실용성도 뛰어나. 통풍도 잘되기 때문에 더운 여름에도 서늘하단다.

몇 년 전, 브라질에서는 아주 놀라운 사건이 있었어. 그동안 몰랐다는 게 이상할 만큼 어마어마한 규모의 흰개미 집이 발견되었단다. 무려 우리나라와 북한을 합한 크기의 땅에 2억 개의 개미집이 있었대. 개미집에 사용된 흙의 양은 피라미드 4000개를 만들 정도라고 하니 정말 대단하지?

99퍼센트가 모르는 동물 지식

- 흰개미 여왕은 알을 엄청 많이 낳아. 매일 수만 개씩 쉬지 않고 알을 낳지. 수십 년을 살기 때문에 죽을 때까지 약 수억 개의 알을 낳는단다.

- 흰개미는 개미처럼 집단생활을 하지만 개미의 종류는 아니야. 개미보다는 바퀴벌레와 몸 구조가 많이 닮았지. 실제로 나무를 먹는 바퀴벌레도 있대.

♦ 생태계 : 생물과 자연이 어우러져 사는 구조를 말해.

7

종류가
무척 많아요

곤충을 제외한 무척추동물

092

지구가 반으로 쪼개져도 사는 동물

나는 지구에서
가장 강한 생명체!

SUPER

지구는 동물들이 살기에 아주 좋은 환경을 갖추었어. 드물게 심술을 부리는 것만 빼면 말이야. 지구에서는 수천만 년에 한 번씩 어마어마한 사건이 일어났단다. 화산이 폭발하거나, 날씨가 극도로 추워져서 많은 동물이 죽었어. 우주에서 날아온 운석 때문에 지구 전체가 쑥대밭이 되기도 했지. 그런데, 이런 멸종 위기를 한 번도 아니고 여러 번이나 극복한 동물이 있단다. 1밀리미터도 안되는 물곰은 무려 5억 년 동안 지구에 적응해 온 생존의 달인이야.

물곰의 능력은 다 말하려면 입이 아플 정도야. 우선 온도 적응 능력이 뛰어나. 영하 273도부터 물이 끓고도 남는 영상 150도까지 견딜 수 있지. 그리고 높은 기압에도 잘 적응한대. 잠깐, 기압이 뭐냐고? 기압이란 공기가 누르는 힘을 말해. 믿기 어렵겠지만 공기도 무게가 있단다. 우리는 항상 공기를 짊어지고 있어. 우리 몸이 기압에 잘 적응해서 느끼지 못할 뿐이지. 갑자기 높은 곳으로 갈 때 귀가 먹먹해지는 건 기압이 변화하기 때문이야. 높은 곳에는 공기가 적어서 공기가 누르는 힘도 약해. 그래서 일시적으로 몸이 조금 부풀지. 이때 연약한 고막이 늘어나서 귀가 먹먹해지는 거란다. 우리 몸은 몇 기압 차이에도 예민하게 반응하지만, 물곰은 자동차를 찌그러뜨릴 만큼 강한 기압도 거뜬히 버틴단다.

심지어 공기가 전혀 없는 진공 상태에도 문제없지. 공기가 없으면 숨을 못 쉬기 때문에 힘들어. 그런데 물곰은 그 상태로 수십 년이나 버틴다지 뭐야. 무엇보다 가장 거짓말 같은 능력은 방사선을 견디는 거야. 방사선은 생명체에게 아주 치명적인 에너지로, 세포를 파괴해 심각한 병을 일으키거나 죽게 만들지. 물곰은 다른 동물보다 수백 배나 강한 방사선을 견딜 수 있대. 대단하지?

이 모든 게 가능한 이유는 물곰의 특이한 생존 기술 덕분이야. 물곰은 환경이 안 좋아지면 몸을 잔뜩 웅크리고 보호막을 만들지. 그리고 마치 죽은 것처럼 생명 활동을 아주 천천히 진행한단다. 죽은 줄만 알았던 물곰이 수십 년 만에 깨어난 사례가 많다고 해. 아마 지구가 산산조각이 나지 않는 이상 물곰은 멸종하지 않을 거야.

093

가장 먼저 땅을 밟은 동물은 누구일까?

지구에서 가장 먼저 땅을 밟은 동물이 누구일지 생각해 보자. 공룡? 아니면 벼룩 같이 작은 곤충? 정답은 바로 '노래기'야. 지네와 비슷하게 생긴 친구지. 지금으로부터 약 4억 년 전의 일이야. 그 당시 모든 동물은 바다에 살고 있었어. 왜냐하면 육지의 환경이 너무 험했기 때문이야. 지금은 육지에 산소가 충분해서 호흡도 하고, 산소로 이루어진 오존층이 자외선을 막아 줘. 하지만 그 당시

에는 산소가 별로 없어서 자외선을 막지 못했단다. 반면 바다는 산소가 충분한데다, 물이 자외선을 막아 줘서 안전했지. 동물들은 굳이 위험을 무릅쓰면서까지 땅 위로 올라갈 필요가 없었어. 그런데 이때, 한 동물이 용기 있게 육지에 발을 내디뎠어. 바로 노래기의 조상인 '프네우모데스무스'야. 이름이 엄청나게 길지? 그리스어로 '숨 쉬는 띠'라는 뜻이래. 이 친구가 땅에 오를 수 있었던 이유는 호흡 기관이 좋아서 각박한 환경에서도 숨을 쉬었기 때문이야. 무엇보다 이 친구의 단단한 껍질은 정말 유용하게 쓰였어. 자외선을 막는 건 물론이고, 몸의 수분이 증발하는 것도 막았지.

하지만 장점이 있으면 단점도 있는 법! 껍질은 때때로 노래기의 목숨을 위협했어. 노래기와 같은 절지동물들은 성장할 때마다 껍질을 벗어야 해. 이것을 탈피라고 하지. 탈피는 생각보다 무척 어려운 일이야. 껍질을 벗다가 지쳐서 죽는 동물도 있단다. 노래기는 다리가 많아서 더욱더 힘들지. 단추가 100개나 되는 옷을 벗는다고 상상해 보렴. 더군다나 험한 자연에서 오랫동안 옷을 갈아입다간 분명 잡아먹히고 말 거야. 탈피에 성공한 노래기는 자신이 벗은 껍질을 먹어. 영양소를 재활용하기 위해서지. 나라도 아까워서 그냥 버리진 못할 것 같아.

달팽이는
이빨이 수만 개나 된다?

흠… 2만 5000번째
치설이 많이 상했군요.

　달팽이는 정말 겸손한 친구야. 점잖게 천천히 움직여서 그런 게 아니야. 엄청난 재주가 있음에도 떠벌리지 않는 점이 참 겸손한 것 같아. 그거 아니? 달팽이는 정말 생각지도 못한 재주를 가졌단다. 바로 상처 하나 없이 칼 위를 기어갈 수 있지. 몸에서 나오는 끈적한 액체가 몸이 다치지 않게 안전한 막을 만들어 준대. 그리고 달팽이는 의외로 딱딱한 먹이도 잘 먹어. 우리의 이빨처럼 혀에 '치설'이라는 작은 돌기가 많이 있어서 쉽게 갉아먹을 수 있거든. 치설의 개수는 무려 수만 개나 된대. 이제부터는 느리다고 무시하면 안 되겠지?

바닷속 최고의 재주꾼

바다에 살고 커다란 머리와 여덟 개의 다리를 가진 동물이 누구일까? 맞아, 바로 문어야. 솔직히 고백하자면, 방금 낸 문제는 틀린 내용이야. 우리가 문어의 머리라고 알고 있는 부분은 사실 몸통이란다. 몸통에 달린 여덟 개의 신체 부위도 다리가 아니라 팔이야. 진짜 머리는 몸통과 팔 사이에 끼어 있지.

문어는 팔이 여덟 개나 되는 셈이야. 그 많은 팔을 다 움직이려면 머리가 복잡하지 않을까 싶어. 그런데 그거 아니? 문어의 팔은 생각하지 않아도 알아서 움직인대. 동물이 움직이는 건 신경 세포 덕분이야. 신경 세포를 이용해 느끼고, 생각하고, 몸을 움직일 수 있지. 문어는 신경 세포가 팔에 많이 몰려 있어. 그래서 팔이 잘려도 한동안 꿈틀거리는 거란다. 참고로 잘린 팔은 새로 자라나.

과연 문어는 어떻게 사냥할까? 느릿느릿해서 어디 한 마리나 잡을 수 있겠냐고? 걱정하지 말렴. 문어는 숨어서 먹잇감을 노린단다. 순식간에 몸 색깔을 주변과 똑같이 만들지. 카멜레온은 명함도 못 내밀 정도로 위장 능력이 뛰어나. 그렇게 숨어 있다가 먹잇감이 가까이 오면 재빠르게 덮치지. 팔에 달린 빨판의 접착력이 엄청나서 한번 잡은 먹이는 웬만해선 놓치지 않아. 느릿느릿 둔해 보이는 문어는 알고 보면 엄청난 재주꾼이란다.

99퍼센트가 모르는 동물 지식

 오징어도 문어처럼 몸 색깔을 바꿀 수 있어.

096

물속에 사는 거미가 있다고?

동화 속 인어처럼 물속에서 살 수 있다면 얼마나 좋을까? 예쁜 바닷속 모습에 푹 빠져서 온종일 창문만 바라볼 것 같아. 물속에서 숨을 쉬지 못하는 우리에게는 꿈만 같은 일이지. 그런데 우리처럼 공기로 호흡하는데도 물속에서 사는 친구가 있대. 그 정체는 바로 물거미지. 물거미는 다른 거미들처럼 배에 있는 호흡 기관으로 공기를 마시고 뱉어. 그렇다면 어떻게 물속에서 살 수 있는 걸까? 물거미가 숨을 쉬는 방법은 잠수부와 비슷해. 잠수부가 산소통을 들고 다니듯 물거미도 공기 방울을 들고 다니지. 배 전체를 공기 방울로 감싸서 숨을 쉬는 거야. 만약 공기 방울 속 산소가 줄어들면 다시 올라가서 산소를 충전해. 헤엄을 잘 치지 못해서 물 밖과 연결된 거미줄을 타고 다니지.

그런데 물거미는 이런 불편함도 감수할 정도로 물속 생활이 재밌나 봐. 공기 방울을 잔뜩 모아서 아예 집을 만들어 살거든. 물론 아무 데나 집을 짓지는 못해. 물살이 약하고 얕은 곳에만 지을 수 있지. 아까 말했듯이 물거미는 헤엄을 못 치거든. 아, 그리고 집을 너무 크게 지어서도 안 돼. 공기 방울이 너무 크면 뜨려는 힘이 강해서 거미줄로 고정하기 힘들어. 이렇게 물거미는 열심히 공기 방울 집을 지어서 수컷과 암컷이 함께 살아. 누구 하나 게으름 피우지 않고 사이좋게 집안일을 하지. 대부분 거미는 한 마리만 육아를 하는데, 물거미는 부부가 함께 새끼를 기른단다. 예쁜 집에서 가족과 오순도순 사는 모습이 정말 부러운 걸?

99퍼센트가 모르는 동물 지식

- 물거미는 몸에서 나오는 기름 성분을 온몸에 발라서 물에 젖지 않는대.
- 물거미의 거미줄은 물에 잘 녹지 않고 튼튼하대.

097 뇌가 없어도 괜찮아!

　별은 밤하늘에만 있는 게 아니야. 바닷속에도 수많은 별이 있단다. 심지어 살아 움직이기까지 해. 바로 불가사리지. 불가사리는 바닷속 풍경을 그릴 때 빠지지 않을 만큼 아주 흔한 동물이야. 또한 그만큼 생존력이 아주 뛰어나단다. 다리가 잘려도 다시 자라고, 추운 바다에서도 거침없이 살아가지. 암컷과 수컷의 특징을 모두 가진 '자웅동체'라서 혼자서도 새끼를 낳아. 한 마리가 무려 수백만 마리나 낳는대.

불가사리는 식사를 특이하게 해. 보통 동물들은 먹잇감을 삼킨 다음, 몸 안에서 소화를 시켜. 그런데 불가사리는 반대야. 소화 기관을 꺼내서 먹잇감을 소화한 뒤에 삼킨단다. 영양소를 모두 흡수하면 먹이를 먹었던 구멍으로 다시 뱉어내. 불가사리는 입과 항문이 같거든. 하나의 구멍으로 밥도 먹고 똥도 싸는 거지. 우리가 보기엔 조금 찜찜하지만 불가사리는 별로 신경 쓰지 않아. 애초에 뇌가 없어서 생각을 못 하기 때문이야. 하지만 뇌가 없어도 문어의 팔처럼 신경 세포를 이용해 살아간단다. 정말 알면 알수록 불가사의한 친구지?

098 바다에서 제일가는 보석 세공사

다이아몬드와 같은 보석은 어떻게 만들어질까? 화산이 폭발하면 아주 뜨거운 용암이 흘러나와. 보석은 이 용암 속에 들어 있던 광물들이 식어서 만들어지는 거란다. 물론 보석마다 만들어지는 방법이 다양해. 그런데, 그중 가장 특이한 것은 아마 진주가 아닐까 싶어. 진주는 동물의 몸에서 만들어지거든. 그것도 우리가 잘 아는 조개에서 말이야. 조개는 오랜 시간 동안 진주를 만들어. 특별히 멋을 부리려는 건 아니고, 살기 위해서 만드는 거란다. 진주를 만들지 않으면 몸을 다칠 수 있거든.

진주의 정체는 사실 바닷속의 이물질이야. 조개가 차마 걸러내지 못해서 몸속에 남은 불청객이지. 조개는 이물질로부터 몸을 보호하기 위해 분비물을 내보내. 그리고 이물질을 수도 없이 감싸지. 이 분비물은 시간이 지나면 굳어서 동그란 진주가 된단다. 이러한 원리를 아는 사람들은 일부러 조개 안에 이물질을 넣어서 진주를 만들기도 한대. 조개 입장에서는 조금 어이가 없을 것 같아. 조개에게 진주는 인간의 코딱지와 같거든. 코에 들어온 이물질을 콧물로 감싸서 굳어지는 게 진주의 형성 과정과 비슷해. 만약 누군가가 코딱지로 만든 반지나 목걸이를 차고 다닌다고 생각해 보렴. 정말 황당하겠지?

99퍼센트가 모르는 동물 지식

 옛날 사람들은 조개를 돈처럼 사용했어.

지렁이는
왜 식물의 수호천사일까?

비가 오는 날 길바닥에서 지렁이를 본 적이 있을 거야. 지렁이는 왜 길 위에 나와 있는 걸까? 지렁이는 숨을 쉬기 위해서 나오는 거래. 비가 오면 땅속이 온통 물에 잠겨서 숨을 못 쉬거든. 숨을 쉬려고 몸부림치다가 길바닥까지 나오기도 하지. 만약 길 위에서 헤매는 지렁이를 본다면 도와주길 바랄게. 나뭇잎으로 조심스레 들어다 흙이 있는 곳에 놓아 주렴. 지렁이는 피부가 예민해서 밖에 오

래 있으면 말라 죽을 수 있단다. 그동안 지렁이에게 받은 도움을 생각한다면 그 정도는 해 줄 수 있을 거야.

우리가 맛있는 밥을 먹을 수 있는 데에는 지렁이의 은혜도 무시할 수 없단다. 지렁이는 땅속에서 썩은 식물이나 동물의 똥을 먹고 살아. 이것들을 찾아 먹으려고 땅속을 열심히 헤집고 다니지. 그 덕분에 땅이 부드러워져서 식물이 뿌리를 더 깊고 튼튼하게 내릴 수 있어. 또한 영양소가 가득한 대변을 보는 덕분에 흙의 질이 아주 좋아진대. 그래서 지렁이가 사는 땅에선 식물들이 무럭무럭 잘 자랄 수 있단다.

99퍼센트가 모르는 동물 지식

🍃 지렁이는 심장이 다섯 개야.

🍃 지렁이는 두꺼운 띠가 있는 부분이 머리란다.

100 플라나리아는 자신을 복제할 수 있다?

하나가 둘이 되고, 둘이 넷이 되고~

몸을 원하는 만큼 복제할 수 있다면 어떤 일을 해 보고 싶니? 커다란 집을 다 함께 뚝딱 만들어도 좋을 것 같고, 복제한 친구들과 팀을 나눠 축구 시합을 해 봐도 좋을 거야. 상상만 해도 재밌겠는걸. 그런데 몸을 복제하는 건 정말 꿈만 같은 일일까? 놀랍게도 실제로 복제가 가능한 동물이 있어. 바로 플라나리아라고 하는 친구지. 이 친구는 몸이 반으로 나뉘면, 각각 하나의 생명체로 자라난대. 만약 몸이 100등분 되면 100마리가 되어 버리지.

플라나리아는 다양한 신체를 만들 수 있는 만능 세포(줄기세포)를 갖고 있대. 그래서 몸이 나뉘어도 완벽하게 재생할 수 있지. 이 친구의 유일한 단점은 더러운 물에서 살지 못한다는 거야. 어마어마한 능력에 비해 정말 귀여운 단점인 것 같아.

영원히 사는 동물

영원히 살고 싶다는 생각을 해 본 적 있니? 사랑하는 사람들을 떠나보내지 않고 계속 볼 수 있다면 얼마나 좋을까? 죽지 않는 것, 즉 불로장생은 예나 지금이나 많은 사람이 관심을 가지는 주제야. 불로장생을 애기할 때면 빠질 수 없는 인물이 한 명 있지. 바로 진나라의 황제, 진시황이란다. 지금의 중국은 옛날에 여러 개의 나라로 나뉘어 있었어. 진시황은 여러 나라를 하나로 통일하여 진나라를 만들었지. 하지만 세계에서 가장 강한 나라의 왕이 되어도 두려운 존재가 하나 있었어. 바로 '죽음'이었지. 진시황은 나이가 들어서 죽는 것이 너무 두려

웠단다. 그래서 먹으면 늙지 않는 약초, '불로초'가 있다고 믿었고 전 세계로 사람을 보내 불로초를 찾아 헤맸지. 우리나라에도 여러 번이나 왔을 정도로 열정이 대단했어. 결국은 못 찾았지만 말이야.

그런데 그거 아니? 불로초는 몰라도 영원히 사는 동물은 실제로 존재한단다. 바로 홍해파리라는 동물이지. 홍해파리는 늙기는 해도 죽지는 않아. 나이가 들어 죽을 때가 되면 다시 어릴 적의 모습으로 돌아가거든. 몸을 번데기 모양으로 만들고 나서 약 이틀만 지나면 감쪽같이 다시 태어난단다. 홍해파리는 이 과정을 무한으로 반복할 수 있어. 하지만 대부분은 영원히 살지 못해. 왜냐하면 어쩌다 한 번 포식자에게 잡아먹히거나, 심한 병에 걸릴 수 있기 때문이야. 만약 홍해파리가 진시황의 눈에 띄었다면 멸종해 버렸을지도 모르겠어.

99퍼센트가 모르는 동물 지식

홍해파리와 같은 친구가 또 있어. 바로 '바닷가재'야. 늙었다가 다시 젊어지는 홍해파리와 달리, 바닷가재는 늙지 않고 계속 성장한단다. 하지만 그 때문에 오래 살지 못해. 바닷가재와 같은 갑각류는 성장할 때마다 껍질을 벗어야 하거든. 이게 별것 아닌 것 같아도 매우 위험한 일이야. 탈피를 하는 동안 수많은 위험에 꼼짝없이 노출되거든. 바닷가재는 이렇게 위험한 일을 끊임없이 해야만 해. 몸집이 커질수록 탈피도 더 힘들어서 언젠가는 탈피를 하지 못하고 죽고 말지.

여기까지 읽느라 정말 수고 많았어. 널 위해 특별한 선물을 준비했단다. 아래의 문제를 다 풀면 줄게.

> Q. 기린의 조상은 목이 짧았대. 그렇다면 기린은 어떻게 목이 길어졌을까?
>
> ① 높은 곳의 나뭇잎을 먹으려고 열심히 목을 늘리다 보니 길어졌다.
>
> ② 처음부터 목이 긴 기린들만 살아남았다.

몇 번을 골랐니? 정답은 2번이야. 물론 열심히 목을 늘리면 아주 조금 길어질 수도 있어. 하지만 그렇게 억지로 늘린 목은 새끼에게 유전되지 않는단다. 그렇다면 어떻게 목이 긴 기린들만 살아남았을까? 오래전 기린의 조상들은 목이 짧아도 그럭저럭 잘 살고 있었어. 그런데 언제부턴가 환경이 변하고 먹이가 줄어들었지. 기린들은 어쩔 수 없이 더 높은 곳의 먹이까지 먹어야만 했어. 하지만 평범한 기린은 목이 짧아서 먹지 못해 굶어 죽었단다. 그래서 목이 조금 더 긴 기린들이 많이 살아남을 수 있었지.

여기서 한 가지 궁금한 점이 생겨. 과연 목이 긴 기린은 어떻게 태어나는 걸까? 동물은 자신의 유전자를 복제하여 새끼를 만들어. 하지만 유전자를 100퍼센트 똑같이 복제하지는 못한단다. 엄청난 양의 유전 정보를 똑같이 복제하기도 힘들지만, 다양한 환경적 요소에 방해받기도 하거든. 결국 새끼는 아주 조금 바뀐 유전자를 물려받아 부모와 조금 다른 모습으로 자라게 돼. 이것을 '돌연변이'라고 하지. 마찬가지로 기린도 우연한 확률로 자신보다 목이 조금 더 길거나 조금 더 짧은 새끼를 낳아. 하지만 환경적인 요인에 의해 목이 긴 돌연변이만 계속 살아남아서, 오늘날 기린이 모두 긴 목을 가지는 거란다.

　사실 목이 긴 기린이 살아남은 이유는 아직 확실하지 않아. 긴 목이 먹이를 먹는 데 유리했다는 의견도 있지만, 짝짓기에 유리해서 살아남았다는 의견도 있어. 기린은 암컷을 차지하려고 종종 수컷끼리 싸워. 주로 목을 부딪치며 싸우기 때문에 목이 길수록 더 잘 싸울 수 있지. 그래서 목이 긴 기린은 암컷과 짝짓기에 성공할 확률이 높단다. 물론 어떤 이유에서든지 돌연변이의 성질 때문에 기린의 목이 길어진 건 확실해. 돌연변이는 정말 생각할수록 신기한 것 같아. 특성을 어떻게 사용하느냐에 따라 '실수'가 되기도 하고, '신의 한 수'가 되기도 하잖니. 필요 없을 줄만 알았던 기다란 목이 사는 데 큰 도움이 될 줄 누가 알았겠어. 우리가 저마다 가진 돌연변이인 '개성'도 마찬가지야. 남들과 다르다고 해서 주눅들 필요는 없단다. 자신을 믿고 나아가다 보면 분명 엄청난 무기가 될 거야. 앞서 말한 특별한 선물은 바로 이 깨달음이야. 다양한 모습으로 살아가는 동물 친구들처럼, 너도 너만의 개성을 잘 사용하길 바랄게.

참고 도서

- KBS <동물의 건축술> 제작팀 지음, 최재천 감수, 「동물의 건축술」, 문학동네, 2012

- 가와카미 가즈토 외 3명 지음, 마쓰다 유카 그림, 서수지 옮김, 「세상에서 가장 재미있는 83가지 새 이야기」, 사람과 나무사이, 2020

- 군지 메구 지음, 이재화 옮김, 최형선 감수, 「나는 기린 해부학자입니다」, 더숲, 2020

- 권오길 지음, 「권오길의 괴짜 생물 이야기」, 을유문화사, 2012

- 김도윤 지음, 「만화로 배우는 곤충의 진화」, 한빛비즈, 2018

- 김도윤 지음, 「만화로 배우는 공룡의 생태」, 한빛비즈, 2019

- 데이브 웨스너 지음, 래리 고닉 그림, 김소정 옮김, 「세상에서 가장 재미있는 생물학」, 궁리출판, 2020

- 레이먼드 피에로티 지음, 「최초의 가축, 그러나 개는 늑대다」, 뿌리와이파리, 2019

- 리처드 도킨스 지음, 김정은 옮김, 「리처드 도킨스의 진화론 강의」, 옥당, 2016

- 모리구치 미쓰루 지음, 「우리가 사체를 줍는 이유」, 숲의전설, 2020

- 모토카와 다쓰오 지음, 이상대 옮김 「코끼리의 시간, 쥐의 시간」, 김영사, 2018

- 송태준 지음, 「동물에게 배우는 생존의 지혜」, 유아이북스, 2018

- 송태준 지음, 신지혜 그림, 「곤충에게 배우는 생존의 지혜」, 유아이북스, 2020

- 스즈키 마모루 지음, 「둥지로부터 배우다」, 더숲, 2016

- 안네 스베르드루프-튀게손 지음, 조은영 옮김, 「세상에 나쁜 곤충은 없다」, 웅진지식하우스, 2019

- 에바 메이어르 지음, 김정은 옮김, 「이토록 놀라운 동물의 언어」, 까치(까치글방), 2020
- 유영미 지음, 최재천 감수, 「경이로운 꿀벌의 세계」, 이치, 2009
- 유종수 외 5명 지음, 「상어, 세상에서 가장 신비한 물고기」, 지성사, 2020
- 이나가키 히데히로 지음, 김수정 옮김, 「수컷들의 육아분투기」, 윌컴퍼니(윌스타일), 2017
- 이은희 지음, 「하리하라의 생물학 카페」, 궁리출판, 2002
- 이지유 지음, 「펭귄도 사실은 롱다리다!」, 웃는돌고래, 2017
- 전영호 외 4명 지음, 「양서류 탐구도감」, 교학사, 2018
- 제니퍼 애커먼 지음, 김소정 옮김, 「새들의 천재성」, 까치(까치글방), 2017
- 조영권 지음, 「벌레만도 못하다고?」, 필통(FEELTONG), 2009
- 최재천 지음, 「개미제국의 발견」, 사이언스북스, 1999
- 최형선 지음, 「낙타는 왜 사막으로 갔을까」, 부키, 2011
- 카를로 피노 지음, 야에자와 나토리 그림, 정인영 옮김, 김태우 감수, 「척척 곤충도감」, 다산어린이, 2019
- 타일러 라쉬 지음, 이영란 감수, 「두 번째 지구는 없다」, 알에이치코리아(RHK), 2020
- 한영식 지음, 「작물을 사랑한 곤충」, 들녘, 2011

101가지 쿨하고 흥미진진한 동물 이야기

1판 1쇄 인쇄 2021년 6월 15일
1판 1쇄 발행 2021년 6월 20일

지은이 송태준
펴낸이 이윤규

펴낸곳 유아이북스
출판등록 2012년 4월 2일
주소 서울시 용산구 효창원로 64길 6
전화 (02) 704-2521
팩스 (02) 715-3536
이메일 uibooks@uibooks.co.kr

ISBN 979-11-6322-060-2 43490
값 13,800원

이 도서는 한국출판문화산업진흥원의
'2021년 우수출판콘텐츠 제작 지원' 사업 선정작입니다.